くるり科学ずかん

自転車のなぜ

物理のキホン！

大井喜久夫 大井みさほ 鈴木康平 文　いたやさとし 絵

玉川大学出版部

自転車にはたらく「力」の秘密

きみは、いつから自転車に乗れるようになったかな？　三輪車に乗るのはかんたんだったけれど、自転車にはすぐには乗れなかった。はじめて自転車に乗れるようになったときは、みんな、うれしくて「やった！」とよろこんだもんだよね。

自転車をじょうずに乗りこなすためには、体全体を使ってうまくバランスをとる必要がある。きみも、はやくひとりで自転車に乗れるようになろうと、何回もころびながら練習したんじゃないかな？　でも、一度乗れるようになると、練習したことをみんな忘れてしまうね。これは、とてもむずかしい技術なんだけど……。

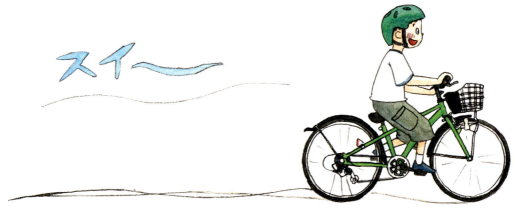

ところで、
**走っている自転車がたおれないのはなぜ？
そこには理由があるはずだ。**

目に見えないからわかりにくいけれど、走っている自転車には、いろいろな「力」がはたらいている。その力が、自転車を前に進ませたり、とまらせたりする。それだけじゃなくて、たおれそうになった自転車を自分で起こそうとする力もはたらくんだ。
力は、自転車とまわりのものとのあいだや、部品と部品のあいだ、いろんなところに存在している。

■ 自転車にはたらくおもな力　※赤い矢印は、力がはたらく方向

車輪をまわす力
下にひっぱる力
地面がささえる力
前に進む力
地面がささえる力
ペダルをこぐ力
ハンドルをまわす力
※ハンドルを反対側にきるときには、力は、右手がうしろに、左手が前にはたらく。
ブレーキをかける力
ライトをてらす力

自転車だけでなくて、あるものになにかの「力」がはたらいたときに、その力を受けたものがどんな運動をするのかを研究する学問を、「力学」という。これは「物理学」という学問（科学）のなかのひとつの分野だ。目に見えない力はどこにあるのか、どうしてその力が生まれてくるのか——自転車の運動を例に、ぼく（クマ博士）と相棒の健太とふたりで、「力のなぞ」をさぐっていこう。

健太

ぼく、みんなからクマ博士ってよばれてる。自転車が大好きだ。いっしょに、自転車のなぞをさぐっていこう！

自転車のなぜ●もくじ

自転車にはたらく「力」の秘密 2

第0章　自転車にはたらく「力」ってなんだ？　9

動いているときにはたおれない 10
地球がものをひっぱる 11
速く、楽に進む 12
力と運動 13
力のもとはエネルギー 14

第1章　自転車をはかる　15

自転車の大きさをはかる 16
これがぼくの自転車だ／大きさ（長さ）をはかる道具／
直線の部分をはかる／曲線の部分をはかる／
タイヤに書かれたなぞの数字／家族の自転車をくらべてみる／
ノギスを使って、もっとくわしくはかる
● 車輪ひとまわりぶんの長さ（円周と円周率）
● タイヤの「呼び寸法」と、標準的な空気圧

自転車の重さをはかる 22
重さをはかる方法／前とうしろの重さをくらべてみる

重さと重力 24
ガリレオ・ガリレイの実験／
なぜ木からリンゴが落ちるのか？──万有引力の法則／
ものの重さと力をくらべる／力のベクトル：力の大きさと向きの関係
● 質量の単位と力の単位

自転車と重心 28
重心ってなんだ？／自転車の重心をさがす／重心の場所を知ると……
● 重心の調べかた
● 単位の話

第2章　自転車に乗る

ニュートンの運動の三法則　32
「慣性の法則」（第1法則）／「運動の法則」（第2法則）／「作用・反作用の法則」（第3法則）

自転車を動かす　34
自転車を押して歩く／自転車にまたがる／ちょっと走ってみよう

バランスをとる　36
たおれないのは、なぜ？／自転車でバランスをとる（1）／自転車でバランスをとる（2）／ダイナミックにバランスをとる／速さと安定
- 赤ちゃんの成長とバランス
- どっちがむずかしい？
- かたむく前輪

地面をけって進む　40
作用・反作用／身近にある作用・反作用

ペダルをふんで進む　42
進むのは、まさつの力／まっすぐに走ってるつもりでも……

ブレーキをかける　44
ブレーキのしくみ
- 慣性と慣性力

カーブをまがる　46
「遠心力」
- 自転車の合図をおぼえる
- パスカルと圧力

自転車のなぜ●もくじ

第3章　自転車の構造Ⅰ　　49

かんたんにスピードがでる不思議　50
車輪の発明／初期の自転車／歯車を組みあわせる／
ギア比／フリー・ホイール／自転車の速度とペダルの回転数／
道路の状態とペダルのこぎかた／移動するものの時速を比較する
- ひとこぎ、約5メートル
- ピストバイク
- ローラー・チェーン

坂道をらくらくのぼる不思議　58
変速機／ギア比とペダルの重さ／「仕事の原理」／ギア比のちがいと仕事の原理

軽い自転車が人をささえる不思議　61
車体のフレーム（骨組み）／ダイヤモンドフレーム／車輪（ホイール）／
軽くて風の影響も受けにくい／車軸をささえる／スポークにくわわる張力

第4章　自転車の構造Ⅱ　　65

小さい力で自転車を動かせる不思議　66
てこの原理／クランク：ペダルの力を伝える／ハンドル：進む方向を変える／ブレーキ：スピードを落とす
- 身近にある、てこを利用した道具
- 力のモーメント

自転車が安定して走る不思議　72
速さと向きをたもとうとする性質／かたむいたまま、カーブしながら進む／
前輪のかたむきと、ハンドル／遠心力のはたらきと自転車／
遠心力は「見かけの力」／ずれた進行方向をもとにもどす
- バランスと遠心力

疲れずに乗り続けられる不思議　78
走りながら休む／ボールベアリングで、回転運動をスムーズに／
衝撃をやわらげる、タイヤとチューブ／タイヤの空気圧／
自転車のかたちと快適な乗り心地／快適な乗り心地を提供するサドル
- バルブ——逆流防止のしくみ

第5章　自転車の運動とエネルギー

自転車のスピードをあげる　84
自転車が同じスピードで走る／速さをふやす／立ちこぎとけんけんのり
- 速さがふえること――ニュートンの考え

仕事と運動エネルギー　87
「仕事」をすると運動エネルギーになる／仕事と運動エネルギーの単位
- 力をつくりだして仕事をするエネルギー
- 運動エネルギーの大きさを調べてみた

ブレーキとまさつ、熱　90
まさつの力を利用する／ブレーキによる速さの変化／急ブレーキに注意！／
カロリーからジュールへ――熱エネルギーの単位
- まさつの熱で火をつける
- 熱もエネルギー
- ジュールの実験

坂道を自転車でくだる　94
重力と抗力／高さと位置エネルギー／位置エネルギーと運動エネルギー／
熱エネルギーへの変化／「エネルギー保存の法則」
- あそびながら位置エネルギーを感じてみよう
- 位置エネルギーをじょうずに使う

坂道を自転車でのぼる　98
丘の上まで自転車でのぼる／速くのぼる？　ゆっくりのぼる？／重い自転車と軽い自転車
- 仕事率

自転車にはたらく抵抗　100
自転車がだんだんおそくなる／走り続けるときの力／
①伝動損失（まさつ抵抗）／②タイヤのころがり抵抗／③空気の抵抗／
3つの抵抗の大きさをくらべる／大きさ・重さと3つの抵抗
- はずむボールとタイヤの共通点

自転車のなぜ●もくじ

第6章　エネルギーの不思議　　105

自転車は小さな発電所 106
ローラー発電機／ハブ発電機／発電の原理：「電磁誘導」で発電する
● 方位磁針で磁界を見る
● 大きな発電機の構造

電動アシスト自転車 110
モーターが人の力を助ける／モーターがまわるしくみ

発電機がブレーキに！ 112
回生ブレーキ
● さまざまな乗りもので使われる

動きだしてからとまるまで 114

乗りものを走らせるエネルギー 115
エネルギーのもと
● 電気をつくる

エネルギーの不思議 116
エネルギーの変身／エネルギーの総量／どれだけエネルギーを使う？

大人のみなさんへ　各章のポイント 118

さくいん 123

読書案内 126

第 0 章

自転車にはたらく「力」ってなんだ？

わたしたちのまわりには、いろいろな「力」がはたらいている。「力」は、とまっているものを動かしたり、動いているものをとめたり、もののかたちを変えたりと、いろいろなはたらきをする。暗いところでわたしたちを照らしてくれる光も、「力」が生みだしたものだ。この本では、みんなに身近な乗りものの自転車を例にあげて、どんな力がどのようにはたらいているのかを紹介する。自転車のことを調べていくと、わたしたちのまわりではたらいている「力」のことがみんなわかるんだ。

ん？　この足あとは、なんだろう……??

動いているときにはたおれない

三輪車や4輪の自動車は、とまっているときもたおれない。でも、一輪車や2輪の自転車、バイクは、動いていないとたおれてしまう。逆にいうと、とまるとたおれてしまうものでも、動いていればたおれない。

■ジャイロ効果

コマの中心にある心棒は細くて、そのままでは立っていることができないけれど、いったんまわりはじめたコマは、たおれずにしばらくのあいだまわり続ける。このように、ものが自らまわっている（自転運動をしている）ときに、自分の姿勢をたもとうとすることを、「ジャイロ効果」という。

■自転車がたおれない理由

走っている自転車がたおれない理由のひとつに、このジャイロ効果があげられる。ただし、それはほんのちょっぴりらしい。ひとついえるのは、自転車が走っているときには、そこに「たおれない力」がはたらいているということだ。▶46・75ページ

コマは、そのままでは立っていることができない。しかし、外から力をくわえていったんまわりはじめると、「ジャイロ効果」によって、立ったまましばらくまわり続ける。

※「力」は、英語で「Force」という。

地球がものをひっぱる

坂の上からサッカーボールをころがしてみる。ボールは、はじめはゆっくり、そしてだんだんスピードをあげながら、坂道をころがっていく。これは、ボールが地球からの「力」でひっぱられているからだ。

■ひっぱる力と重さ

地球上にあるものは、どんなものでも、それぞれ「万有引力」というひっぱる力をもっている。わたしたちのまわりにあるものはみんな、それぞれがひっぱりあっているんだ。

重いものは大きい力でひっぱり、軽いものは小さい力でひっぱる。そして、地球の上には地球そのものより大きくて重いものはないから、最終的にはみんな、地球にひっぱられているということになる。

地球上にあるどんなものも「重さ」をもっている。そして、この「重さ」というのは、「地球が、万有引力でものをひっぱる力の大きさ」のことをいう。▶24ページ

地球がものをひっぱっている
ボールが坂道をくだる
重いものがぶらさがる
リンゴの実が木から落ちる
みんな、地球がひっぱっているから起こることだ。

■のぼり坂とくだり坂

自転車に乗って坂道をのぼるときは、ペダルがとても重い。これは、地球がひっぱる力によって、のぼろうとする力と反対向き（坂をくだろうとする向き）に、自転車がひっぱられているからだ。この力に負けずにのぼりきるためには、ペダルをこぎ続けて、より大きな力を自転車にくわえる必要がある。反対に、坂道をくだるときには地球が下向きにひっぱってくれるので、ペダルをこがなくても楽に進むことができる。▶35・56ページ

坂をのぼりきるためには、地球が下にひっぱる力に負けないだけの、上に向かう力が必要だ。

くだり坂では、地球が下向きにひっぱってくれるので、ペダルをこがなくても自転車は坂道をくだっていく。

自転車にはたらく「力」ってなんだ？

速く、楽に進む

自転車を使うと、歩くときよりも速く、楽に、遠くまでいくことができる。その秘密のひとつが、「てこの原理」の応用にある。てこは、小さな力を大きな力に、小さな動きを大きな動きに変えることができる。

　自転車に乗って最初にペダルをこぎだすときには、まとまった力が必要だ。そして、一度走りだした自転車は、ほんのわずかな力をくわえるだけで、スピードをあげていく。自転車の車輪はとてもまわしやすく、軽くできている。自転車は、てこの原理を応用した歯車のはたらきによって、ペダル1回転ぶんの力を車輪何回転ぶんもの力に変えるしくみになっている。▶54・66ページ

人が1歩ぶんの力で進めるのは1歩だけ。　こんなことはできない……。

人が歩くとき、1歩ぶんの力で進むことができるのは1歩ぶんの距離だ。足を自由に長くすることができれば、一度に長い距離を進むことができるけれど、実際にはそんなことはできない。

自転車は、ペダルを1回こぐと、長い距離を進むことができる。

自転車のペダルをこいだ力は、チェーンをとおして後輪に伝わり、前に進む力になる。このとき、ペダル1回転ぶんの力は、歯車のはたらきによって、後輪を何回転もさせる力に変わる。

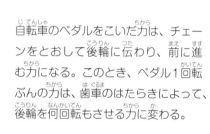

　てこには、力がくわわる場所が「支点」「力点」「作用点」と3つある。その位置関係をくふうすることによって、小さい力を大きい力に変えたり、小さい動きを大きい動きに変えたりすることができる。▶66ページ

● 力を大きくする

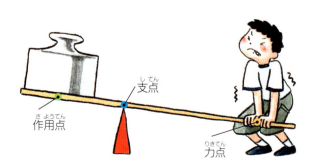

支点と作用点の距離よりも支点と力点の距離が長ければ、小さい力で作用点にある重いものを動かすことができる。

● ものを大きく動かす

支点と力点の距離を短くすると、力はよぶんにかかるけれど、作用点にあるものをより大きく動かすことができる。

力と運動

走っている自転車は、さまざまな「運動」をしている。運動するもののスピードが変わったり、向きが変わったりするのは、そこになんらかの力がくわわっているということだ。どんな力があるのだろうか？

■人が自転車にくわえる力と運動

自転車を走らせるとき、人は自転車にさまざまな力をくわえ、自転車はその力を使ってさまざまな運動をする。それらをまとめると、次のようになる。

ペダルをこぐ ▶42ページ
ペダルをまわすのは、人の「力」だ。ペダルをこぐと、自転車には車輪を速くまわす「力」が伝わり、自転車と人は速く走る。

走りだす ▶32ページ
「力」によって走りだした自転車は、そのあとは力をくわえなくてもそのまま走り続ける。

ハンドルをきる ▶68ページ
ハンドルを動かすのは、人の「力」だ。自転車の前輪がまがると、進む方向が変わる。

バランスをとる ▶36ページ
バランスをとるのは、人の「力」だ。自転車は、車体がたおれないように車体をひき起こす。

ブレーキをかける ▶69ページ
ブレーキをかけるのは、人の「力」だ。自転車は、車輪の回転をとめ、タイヤが地面に力をくわえてとまる。

■人と自転車にかかる力と運動

自転車は、まわりからいろんな力を受けている。たとえば、走っているときに受ける風や、タイヤと地面とのあいだに起こるまさつなどだ。自転車が前に進もうとするのをじゃまするいろいろな力を「抵抗」といい、「伝動損失（まさつ抵抗）」「ころがり抵抗」「空気抵抗」の3種類がある。▶100ページ

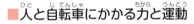

抵抗は、自転車が前に進もうとするのをじゃまする力だ。前に進もうとする力が抵抗よりも小さいとき、自転車はとまってしまう。

自転車にはたらく「力」ってなんだ？

力のもとはエネルギー

ものが運動をするときに必要なのが、力。そして、その力をだして仕事をするために必要なのが、エネルギーだ。エネルギーは、ものからものへとかたちを変えて伝えられ、運動するための力として使われる。

■伝えられるエネルギー

ものが運動するためには、エネルギーが必要だ。たとえば、自動車や飛行機、船、電車などの乗りものは、ほとんどのばあい石油をエネルギーとして使う。これを、燃やしたり（爆発させたり）、電気などべつのエネルギーに変えたりして、そこに生まれる力を運動のために利用する。

自転車のばあいは、運転する人の体の中にエネルギーをためこみ、これを使って自転車を動かす。エネルギーのもとになるのは食べものだ。

いろいろな食べものが人のエネルギーになる。

■運動エネルギーと位置エネルギー

自転車に伝えられたエネルギーは、「運動エネルギー」と「位置エネルギー」というふたつのかたちをとる。運動エネルギーは、運動している（動いている）もののすべてがもっているエネルギーで、スピードがあがれば大きくなり、スピードがさがる（おそくなる）と小さくなる。位置エネルギーは、高いところにおかれたものがもつエネルギーで、同じ重さの自転車なら、高いところにあればあるほど大きくなる。▶95ページ

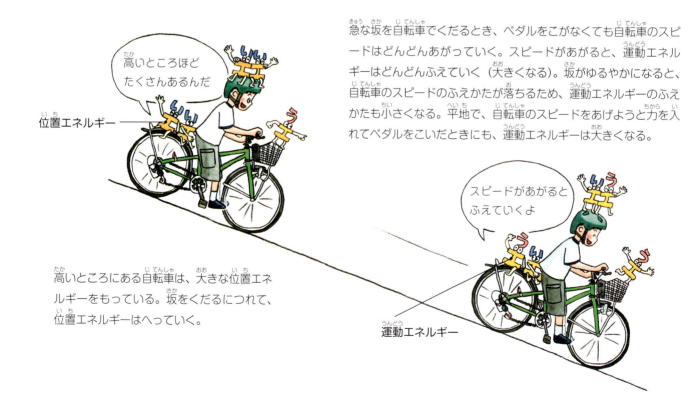

急な坂を自転車でくだるとき、ペダルをこがなくても自転車のスピードはどんどんあがっていく。スピードがあがると、運動エネルギーはどんどんふえていく（大きくなる）。坂がゆるやかになると、自転車のスピードのふえかたが落ちるため、運動エネルギーのふえかたも小さくなる。平地で、自転車のスピードをあげようと力を入れてペダルをこいだときにも、運動エネルギーは大きくなる。

高いところにある自転車は、大きな位置エネルギーをもっている。坂をくだるにつれて、位置エネルギーはへっていく。

第1章 自転車をはかる

まず、自転車の大きさや重さをはかるところからはじめよう。使う人の体の大きさや目的によって、いろんなかたちや大きさの自転車があるけれど、その部品を調べてみると、多くのばあい、同じサイズのものが使われている。また、どの自転車も、車体のうしろ側（後輪側）のほうが、前側（前輪側）よりも重くなっている。部品の交換がかんたんにできるようにしたり、バランスよく運転できるようにしたりと、自転車のかたちや部品には、いろんなくふうがこめられている。

あ！　何かいるぞ……

自転車の大きさをはかる

きみの自転車のサドルの高さは何センチ？ 車輪の直径は？ 最初に、自転車の大きさをはかってみよう。じつは、自転車の部品の大きさには、いろいろな決まりがあるんだ。

これがぼくの自転車だ

ひとくちに自転車といっても、いろんな大きさやかたちのものがある。乗る人の体の大きさや、使う目的などにあわせて、それぞれちがうものがつくられているんだ。最初に、ぼくの自転車を紹介しよう。たくさんの部品からできている。

大きさ（長さ）をはかる道具

学校で使う三角定規、まっすぐな直尺、直角にまがった曲尺、折りたたむことができる折尺、まきとることができる巻き尺（メジャー）など、長さをはかる道具にはたくさんの種類がある。自転車の大きさ（長さ）をはかるときには、どれを使うのが便利かな。

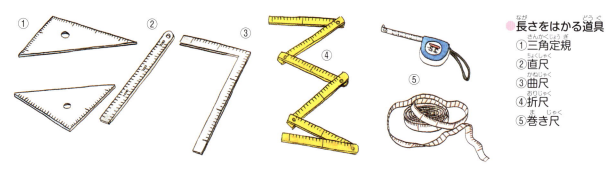

長さをはかる道具
①三角定規
②直尺
③曲尺
④折尺
⑤巻き尺

直線の部分をはかる

メジャーを使って、自転車のいろいろな部分をはかってみた。それらは、つぎのようになった。
① 前輪の先端から後輪の後端　161cm
② 前輪と後輪の車輪のあいだ　98cm
③ 地面からハンドルまでの高さ　83cm
④ 地面からサドルまでの高さ　65cm
⑤ 車輪の直径　61cm

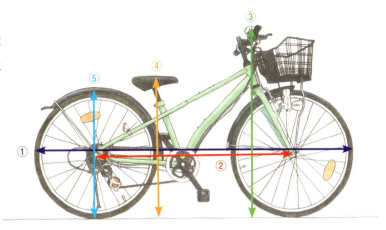

ぼくの身長は134cm。サドルに腰かけたときに両足のつま先が地面にとどくように、サドルの高さを調整している。

曲線の部分をはかる

こんどは、曲線の部分をはかってみることにした。ひとりではむずかしかったので、クマ博士に手伝ってもらったよ。

●車輪の長さのはかりかた
1 車輪と地面の両方にしるしをつけておき、位置をあわせてから、車輪をゆっくりまわしながらまっすぐに進む。
2 車輪がひとまわりして、しるしがもう一度地面についたところまでの長さをはかる。

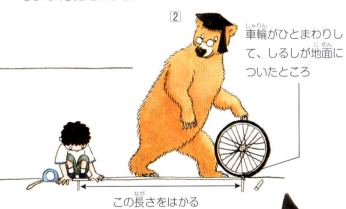

車輪がひとまわりしたときの長さは約190センチで、車輪の直径の3倍よりすこし長かった。直径がちがうほかの車輪もはかってみたけれど、みんな、車輪ひとまわりの長さは直径の約3倍になった。

車輪ひとまわりぶんの長さ（円周と円周率）

円の周囲の長さのことを「円周」という。自転車でいうと、車輪ひとまわりぶんの長さがこれにあたる。円周を直径でわると、3.14……（ずっと続いて、わり切れない）になる。この「3.14……」を、「円周率」という。どんな大きさの円でも、円周率は変わらない。実際に、上ではかった約190センチを車輪の直径の61センチでわってみると、約3.1になった。

タイヤに書かれたなぞの数字

タイヤの側面には、いろいろな数字が書かれている。これは、そのタイヤの大きさや、標準の空気圧（そのタイヤにどのくらい空気を入れたらいいのか）をしめすものだ。

右の絵は、ぼくの自転車のタイヤを見たところ。「24×1 3/8（37－540）」と書いてある。最初の数字はインチ（in）系の寸法で、カッコ内はミリメートル（mm）表示したものだ。「300kPa」（「kPa」は、「キロパスカル」と読む）というのは、チューブ内部の標準的な空気圧をしめしている。

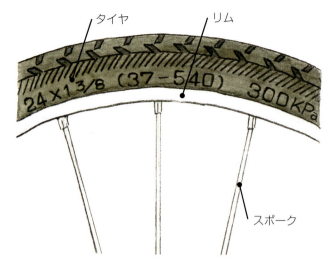

日本では、ふつう、自転車の型（大きさ）をあらわすのに、タイヤの直径（インチ）を基準にしたよび名が使われる。たとえば「24型の自転車」といったら、直径24インチのタイヤをつけた自転車という意味だ。

タイヤの「呼び寸法」と、標準的な空気圧

タイヤやチューブの大きさは、大量生産のしやすさや交換のしやすさなどを考えて、世界共通の規格（寸法）が決められている。これを「呼び寸法」といい、インチ表示とミリメートル表示がある。

■ インチ（in）表示

インチ表示の呼び寸法は、数字のあいだに、かけ算記号の「×」が入っている。たとえば上の「24×1 3/8」は、タイヤの直径が24インチで、幅が1 3/8インチということをしめす。幅は、分数ではなく小数で書かれることもある（1インチは、ミリメートルになおすと25.4ミリにあたる）。

■ ミリメートル（mm）表示

ふたつの数字のあいだに、ひき算記号の「－」が入っている。インチ表示とは反対に、前の数字がタイヤの幅で、あとの数字はタイヤではなくリムの直径をあらわす。

■ タイヤの空気圧

タイヤには、「呼び寸法」のほかに、標準的な（最適な）空気圧も書かれている。わたしたちのまわりの空気の圧力（大気圧）は、地上で1気圧（およそ1013ヘクトパスカル＝1013hPa）で、これは「101.3キロパスカル＝101.3kPa」にあたる（キロは1000倍、ヘクトは100倍の意味）。タイヤによく見られる「300kPa」というのは、その3倍にあたる3気圧になるようにタイヤに空気を入れるという意味だ。▶48ページ

計算がかんたんにできるように、自転車の空気圧は、1気圧を1000hPa＝100kPaとみなすことになっている。

家族の自転車をくらべてみる

　ここで、ぼくの家族が使っている自転車を紹介しておこう。こうやって並べてみると、いろんな種類の自転車があることが、ほんとうによくわかる。

弟の自転車は、ぼくのおさがりだ。あらためて見ると、とても小さく感じる。タイヤには「16×2.125」とあるから16型で、タイヤの直径は40.6cm。タイヤの幅は厚めの5.4cmだ。背の低い弟の体にあわせて、サドルの高さは49cmとなっている。

お母さんの自転車は、前輪と後輪とでタイヤの大きさがちがっている。前輪は24型、後輪のタイヤは26型だ。前輪が小さくなっているのは、ハンドルの下にチャイルドシートをつけるため。お母さんの身長は159cmで、サドルの高さは78cmだった。

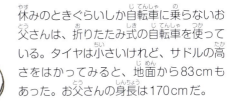

休みのときぐらいしか自転車に乗らないお父さんは、折りたたみ式の自転車を使っている。タイヤは小さいけれど、サドルの高さをはかってみると、地面から83cmもあった。お父さんの身長は170cmだ。

お姉ちゃんの身長は160cm。大人用の自転車に乗っている。サイズは「26×1³⁄₈（37－590）」の26型。タイヤの直径は約66cmで、サドルの高さは80cmだ。

妹は、まだ自分の自転車をもっていない。いま使っているおもちゃの自転車にはペダルがついていなくて、足で地面をけって進む。

ノギスを使って、もっとくわしくはかる

ぼくが自転車の細かい部分の寸法をはかりたいというと、お父さんがノギスという幅や太さをはかるための道具をもってきてくれた。本尺という部分には、0から1ミリ刻みに目盛がついている。パイプの太さ（外径）だけでなく、たとえばペットボトルのキャップの内側の直径（内径）などもはかることができる。

● **ノギスの構造**

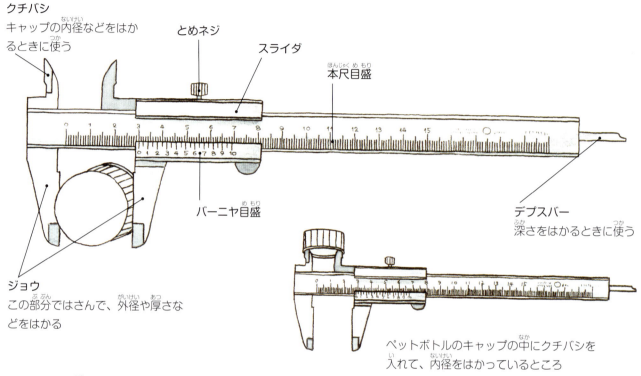

クチバシ
キャップの内径などをはかるときに使う

とめネジ

スライダ

本尺目盛

バーニヤ目盛

デプスバー
深さをはかるときに使う

ジョウ
この部分ではさんで、外径や厚さなどをはかる

ペットボトルのキャップの中にクチバシを入れて、内径をはかっているところ

■ **ノギスの使いかた**

ノギスには、学校で使うものさしと同じ1ミリ単位の本尺目盛と、それとはべつに0.1ミリ単位ではかるバーニヤ目盛がついている。

バーニヤ目盛がついているスライダの上のとめネジをゆるめてスライダを動かし、はかりたいものを下側の突起（ジョウ）のあいだに入れて軽くはさむ。ちょうどぴったりはさんだところでとめネジをしめて、寸法を読む。

パイプなどの内径をはかるときは、上側の突起（クチバシ）をパイプの中に入れて広げ、内径をはかる位置にあわせる。このとき、クチバシをはかるものの面に直角にあてること。

深さをはかるときは、棒（デプスバー）を、ものの底までのばす。

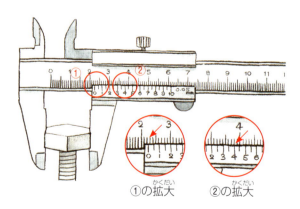

①の拡大　②の拡大

本尺目盛とバーニヤ目盛の線が一致したところを読む。目盛の読みかたは、つぎのとおりだ。
たとえば、バーニヤ目盛の0が本尺目盛の22と23のあいだにあったとき、このものの寸法は22mmと23mmのあいだにある（①）。つぎに、本尺目盛とバーニヤ目盛の線が一致したところのバーニヤ目盛を読む（②）。これが4なら、このものの寸法は22.4mmということになる。

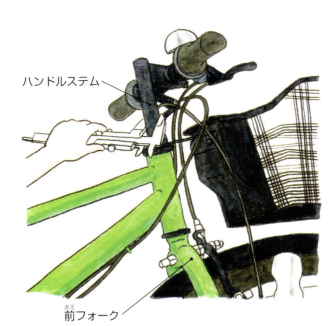

ハンドルステム

前フォーク

■ハンドルステム（ハンドルの軸）の直径をはかる

ハンドルの真ん中から下におりている前フォークは、まっすぐ走ったり、向きを変えたりというように、自転車のハンドル操作を前輪に伝える役目をもっているたいせつな部品だ。

ぼくの自転車の前フォークにつながるハンドルステムの直径をノギスではかってみると、22.4ミリ。これは、お姉ちゃんの自転車と同じ太さだった。

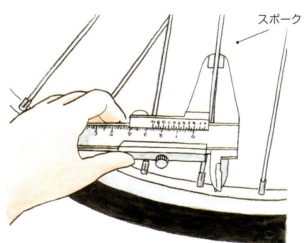

スポーク

■スポークをはかる

スポークは、リムとタイヤを車輪の中心に向かってひっぱり、車輪が変型するのをふせいでいる。また、でこぼこ道などで自転車が受ける衝撃を吸収するクッションの役割ももっている。

1本1本のスポークは細くて折れやすいけれど、たくさんのスポークを使うことで強くなる。

太さを調べたら、2.0ミリだった。これも、お姉ちゃんの自転車と同じだ。

タイヤだけでなく、自転車に使われているいろいろな部品は、こわれたりすりへったりしたときに交換しやすいように、規格（寸法）が決められている。これは日本だけでなく世界共通の規格だから、たとえば外国製の自転車の部品がこわれてしまったときでも、日本製の部品でかんたんに修理することができる。

「何cm？」
「えーっと……161cmだね」

1 自転車をはかる

自転車の重さをはかる

体重計を使って、うちにある自転車の重さをはかってみた。お母さんの自転車の前後には、チャイルドシート（小さい子を乗せるイス）がついている。この自転車がいちばん重かった。

重さをはかる方法

まず、ぼくがひとりで体重計に乗って自分の体重をはかり、つぎに、自転車をもって体重計に乗る。合計の重さから最初にはかった自分の体重をひけば、自転車本体の重さがわかる。

体重計

クマ博士に手伝ってもらって、みんなの自転車の重さをはかってみることにした。ぼくは、家族の自転車をもって体重計に乗り、自分の体重の31.2キロをひいて、それぞれの自転車の重さを計算した。それから、お父さん、お母さん、お姉ちゃん、弟、妹の体重をそれぞれはかって、自転車の重さとたしあわせた。

表にまとめてから、棒グラフにもしてみたよ。

	自転車の重さ	体重	合計の重さ
お父さん	14.4kg	59.2kg	73.6kg
お母さん	28.0kg	50.2kg	78.2kg
お姉ちゃん	18.4kg	48.4kg	66.8kg
ぼく（健太）	15.2kg	31.2kg	46.4kg
弟	8.2kg	20.2kg	28.4kg
妹		14.6kg	

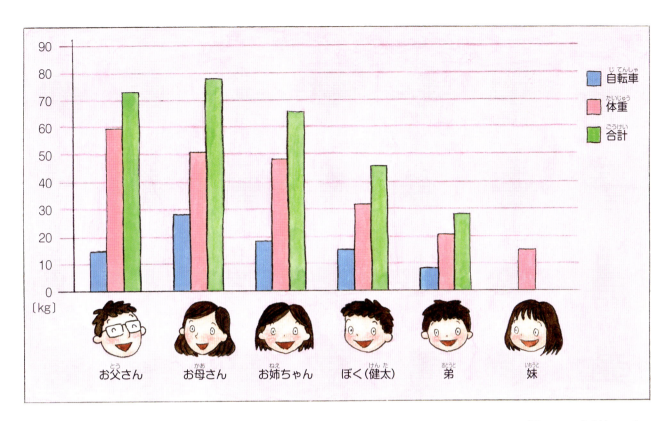

　お母さんの自転車は、特別に重い。チャイルドシートがふたつもついているからだ。お母さんが自転車に乗ると、それだけで合計の重さは78.2キロ。妹を乗せると、妹の体重14.6キロをたして92.8キロ。弟をいっしょに乗せたときには、100キロをこえていた。こんなに重くなって、お母さん、だいじょうぶかな？

前とうしろの重さをくらべてみる

　自転車の前輪側と後輪側とでは重さがどうちがうかを、ぼくの自転車を使って調べてみた。ふたつの車輪の高さが同じになるように、台を使って高さをあわせる。スタンドは使わず、自転車がたおれないように軽く手をそえてはかった。前輪にかかる重さは7.2キロで、後輪には9キロだった。両方の重さをたしあわせると、15.2キロ。べつべつにはかっても、いっしょにはかっても、合計の重さは変わらなかった。

重さと重力

家族の自転車のことを調べているうちに、健太は重さに興味をもったようだ。ここでは、「重さ」ということの意味について、ぼく（クマ博士）が解説するよ。

いまから2000年以上もまえ、ギリシャの哲学者アリストテレスは、ものが下に落ちることは自然なことで、高い場所にある重いものは軽いものよりも速く落ちると考えた。長いあいだ、人びとは、それをあたりまえのことだと思っていたんだ。

ガリレオ・ガリレイの実験

1564年生まれのイタリアの科学者ガリレオ・ガリレイは、これに疑問をもった。そして、「ほんとうに、重いものほど速く落ちるのか？」ということを調べるために、高い塔の上から重い球と軽い球を落とす実験をおこなったといわれている。すると、ふたつの球は重さに関係なく、ほとんど同時に地面に落ちたそうだ。

ガリレオは、つぎに、小さくてなめらかな球を、坂にしたみぞでころがす実験をした。みぞの上からころがり落ちる球のようすを調べてみると、ころがりはじめよりも、ころがっている途中、そして途中よりも終わりのほうが、スピードが速くなっていった。時間がたつにつれてスピードが増すのがどうしてかは、わからなかった。

ガリレオ・ガリレイがおこなった、球をころがす実験のようす。

なぜ木からリンゴが落ちるのか？──万有引力の法則

アイザック・ニュートンはガリレオよりすこしあとの時代の人で、1642年にイギリスで生まれた。大学生のころ、彼は月や星を観察してその変化や動きを調べるなかで感じたいろいろな「なぜ？」を考え、調べたり観察したことをノートに書き記していた。

実際にあった話かどうかはわからないけれど、ニュートンには、「農園で考えごとをしているときにリンゴが木から落ちるのを目にしたことが、偉大な法則の発見につながった」というエピソードが伝わっている。

「リンゴは、なぜ下に落ちるのだろう？」
　彼は、「リンゴが下に落ちるのは、地球がリンゴをひっぱっているからではないか」と考えた。しかし、ものは高いところから落ちるけれど、月や星はなぜ落ちてこないのだろう……。考えれば考えるほど、わからないことが多くなっていった。

　1546年生まれのデンマーク人チコ・ブラーエは、長いあいだ星の観測をおこない、非常に多くの記録をのこしている。
　1571年ドイツ生まれのヨハネス・ケプラーは、チコの助手になって火星の研究をした。チコの死後、のこされた多くの観測資料をひとつひとつ要素や性質にわけて調べ、それがなにを意味しているのかを明らかにして、法則を導きだした。太陽のまわりの惑星の軌道や軌道上を動くスピードの法則で、「ケプラーの法則」とよばれている。

　ニュートンは、ガリレオやケプラーの研究をふくめて「リンゴが落ちる」意味を考え続け、そこから「万有引力の法則」を導きだした。万有引力というのは、「すべてのものとものとのあいだには、それぞれひっぱる力がはたらいている」ということだ。万有引力は、ものが重いほど大きく、距離がはなれるほど小さくなる。実際のものの動きを万有引力で説明することができれば、法則は正しいことになる。
　宇宙の太陽と惑星の動きや、軌道をまわる惑星のスピードに万有引力をあてはめると、ケプラーの法則の説明ができた。もしも月が地球にひっぱられていなかったら、月は地球のまわりをまわらず、地球からはなれて飛んでいってしまうだろう。いつも地球にひっぱられているから、まっすぐには進まず、地球のまわりをまわり続ける。
　万有引力の法則は、地上でもあてはまる。なぜものが落ちるのかや、ガリレオの実験した球が落ちる動きも、万有引力で説明できた。
　地上でものが落ちるのは、ものが地球の中心にひきつけられているからだ。地球上のすべてのものは、地球がその中心に向かってひっぱっている。その力を「重力」という。「重さ」というのは、地球が引力でひっぱることで人が感じる「重力」のことだった。まるい地球では、どこへいっても地面が下になる。どこにいっても、ものは地面（地球の中心）に向かって落ちる。
　地球は、自転車も健太もひっぱっている。地球と自転車のあいだ、地球と健太とのあいだには、万有引力の法則がはたらいているからだ。地球の引力（つまり重力）は、自転車では15.2kgの重さ、健太では31.2kgの重さとして感じられる。

「リンゴは、なぜ下に落ちるのだろう？」と、ニュートンは考えた。

地球がひっぱるから、建物も人も地上にある。鳥も飛行機も、地球がひっぱっている。

月は、地球にひっぱられて地球のまわりをまわる。もしもこの力がなかったら、月はまっすぐどこかに飛んでいく。

ものの重さと力をくらべる

「重さ」ということばには、「地球がひっぱる重力」と「質量」という、ふたつの意味がある。「質量」は、ものが本質的にもっている量で、月にいても地球にいても変わらない。質量が1キログラム（1kg）のものは、地上での重さ（重力）も同じく1キログラムになる。

①長い棒の真ん中をささえて、棒の端に荷物をつるす。棒のもう一方の端の真ん中から荷物までの長さと同じ長さのところを押していって、荷物と手の押す力がつりあうとき、押す力は荷物にはたらく引力と同じ大きさだ。

②重さをはかる道具のひとつに「天秤ばかり」がある。これは、ふたつのものの重さがつりあうことを利用して重さをはかる。力点を手で押すかわりに、重さがわかっているおもり（分銅）をのせて、はかるものとつりあった（針が真上をしめした）ときのおもりの重さが、はかるものの重さになる。

月の引力は、地球の引力より小さいので（約6分の1）、同じものを月の上ではかると軽く感じる。健太の自転車は15.2kg。月の上で体重計を使ってはかれば、たったの2.5kgになる計算だ。

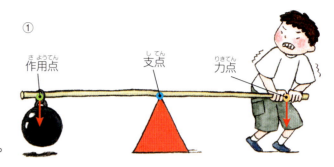

棒の中心のささえている部分を「支点」といい、手で押して力をくわえる部分を「力点」、荷物をぶらさげている部分を「作用点」という。棒が地面と平行になっているとき、ふたつの力はつりあっている。

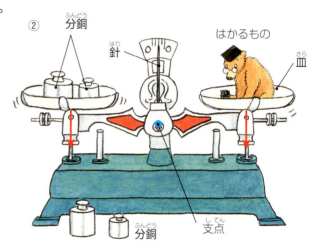

ただし……地球上と月の上とでは、見かけ上の重さは変わるけれど、そのものの質量が変わってしまうわけではない。天秤ばかりを使うと、自転車も分銅も同じように軽くなるので、はかりの針は地球ではかったときと同じ15.2kgのおもりをのせたときにつりあう。

質量の単位と力の単位

ここで紹介した「質量」の単位は、「キログラム（kg）」だ。このときの力の単位は「ニュートン（N）」といい、1N＝約100g（10分の1kg）の重さとなる。

つまり、地球上では、健太の自転車の重さ（質量）は15.2キログラムで、地球は健太の自転車を152ニュートンの力でひっぱっている――ということになる。▶86ページ

力のベクトル：力の大きさと向きの関係

力の大きさと向きを矢印であらわすと、その関係がわかりやすい。矢印の向きに力がはたらき、その大きさは棒の長さでしめす。このように、力の大きさと方向を同時にあらわしたものを、「力のベクトル」という。

● 力のベクトルの関係
① 長さが2倍になると、力の大きさは2倍になる。
② 複数の力をたしあわせることができる。同じ方向にたしたばあい、その合計が新しい力（これを「合力」という）になる。同じ方向で同じ大きさの力をふたつたせば、2倍の力になる。
③ ふたつの力の向きがちがうばあい、それを組みあわせた新しい力（合力）が生まれる。新しい力は、同じ方向のものどうしをたしたときとはちがって、合計が2倍にはならない。逆に、ひとつの力をふたつの力にわけることもできる。
④ 同じ長さで、反対向きにひきあっているとき、あわせた力の大きさは0になる（同じ力をもった人どうしが綱ひきをしているところを考えると、わかりやすい）。

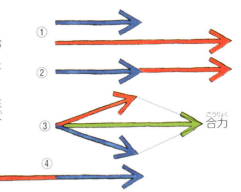

ひとつの荷物をふたりでもつ。このとき荷物にはたらく力には、荷物自体が下に落ちようとする力（重力）と、ふたりでそれをひきあげようとする力のふたつがある。最初は、荷物をひきあげる。このとき、荷物が落ちようとする力よりもひきあげようとする力のほうが大きくなるので、荷物は上にあがっていく。荷物をもちあげたままじっとしているというのは、両方の力がつりあっていることをしめす。そして、ふたりあわせた力（合力）が荷物の重さより小さくなると、荷物は下に落ちてしまう。

赤の矢印は荷物の重さ（下に落ちようとする力＝重力）を、緑の矢印はそれをもちあげるのに必要な力をしめす。
ふたりでひとつの荷物をもちあげるとき、力の向きがはなれている（紺色の線がおたがいに外を向いている）と、上向きの力をつくるためにより大きな力が必要になる（左）。ふたりの間隔が近いと、小さい力でもちあげることができる（右）。

ずいぶんむずかしい話が続いたけど、みんな、わかったかな？ じゃ、また健太に話の続きをしてもらおうか。

自転車と重心

ものの重さを考えるとき、重心がどこにあるかを知ることがたいせつだ。重心は、目に見えないけれど、その位置を知ると、ものがたおれたり進んだりする動きがわかりやすい。

妹の三輪車は手をはなしてもたおれないけれど、ぼくの自転車には車輪がふたつしかついていないから、手をはなすとすぐにたおれてしまう。だから、自転車からはなれるときには、たおれないようにスタンドを使う必要がある。

3か所以上が同時に地面についていると、自転車はたおれない。片足スタンドで立っている自転車は前後ふたつの車輪とスタンドの先のあわせて3か所が、両立スタンドのばあいは前輪とスタンドの左右の先のあわせて3か所が、それぞれ地面についている。

三輪車は、3つの車輪が地面についているのでたおれない。自転車にはふたつの車輪しかないので、立ったままにしておくためにはクマ博士の助けが必要だ。ふたつの車輪と2本の足で自転車をささえる。

重心ってなんだ？

重心というのは「ものの重さの中心」のことだ。どんなものでも、重さをもったものには重心がある。たとえば、野球やサッカーのボールの重心は、ボールのちょうど真ん中にある。下敷きも、全体の真ん中にある。

重心のすぐ下をささえると、ものは安定する。三輪車やスタンドで立っている自転車は、重心をうまく使ってバランスをとっている。

重心の調べかた

バナナ、ニンジン、はさみの重心はどこにあるだろう？　どうやったら調べられるかな？

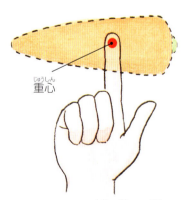

たとえばニンジンの下に人さし指をおいて、ニンジンをもっていた手をそっとはなしてみよう。ニンジンが落ちなければ成功！　重心は指の上に乗っている。

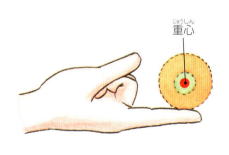

横から見たところ。赤丸のところに重心がある。ニンジンが指の上でとまっているとき、重心が指の上にうまく乗っているのがわかる。

自転車の重心をさがす

車輪がふたつにハンドル、サドル、チェーン……自転車はいろいろな部品でできている。部品にはそれぞれ重さがあり、重心があるはずだ。それらの重さと位置から調べてみると、自転車全体の重心は、だいたい前輪と後輪の真ん中よりすこしうしろよりにある計算になる（そういえば、クマ博士と自転車の重さをはかったとき、うしろ側のほうが重かったよね。▶23ページ）。また、人が乗ると全体が高くなるので、重心も高い位置にくる。

片足スタンドの自転車は、前輪、後輪、スタンドの3か所の点が地面についている。自転車が安定して立っているときは、自転車が地面についている点を結ぶ三角形や四角形の中に、重心の真下の点が入っている。

自転車のサドルに腰かけてみた。このとき、ふたつのタイヤと両足の合計3か所以上が地面についていれば、重心は安定してたおれない。片足だけを地面につけているときは、地面につけている足のほうに自転車をすこしかたむける。こうすると、重心が三角形の中に入るので安定する。

重心の場所を知ると……

床においてある重い段ボールの箱を押して動かすとき、箱のどこを押すといいと思う？

箱の隅に手をかけて押すと、箱全体がまわるように動いてしまう（左）。箱の真ん中を押すと、ちょうど箱の重心を押すことになり、箱は動かしたいほうに動く（右）。

ものを動かすときにも、重心がどこにあるかを知っておくことがたいせつだ。

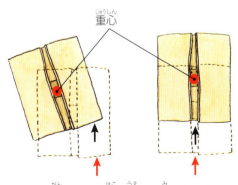

段ボールの箱を上から見たところ。

単位の話

わたしたちがふだん使っている「メートル」や「キログラム」は、世界共通に決められた単位で、こうした単位の集まりを「国際単位系（略称はSI）」とよんでいる。これは、フランスで生まれた「メートル法」が発展したものだ。

日本では、古くは中国から入ってきた長さの「尺」や重さの「貫」が使われ、明治維新の前後（19世紀なかば）にメートルやキログラムが入ってきた。自転車が日本にやってきたのも、ちょうどこのころだ。

メートルという単位は、18世紀の終わりごろにできている。世界共通に使える単位をつくろうと、地球の子午線（赤道に直角に交差するように両極を結ぶ大円）の長さをはかって、北極から赤道までの長さの1000万分の1を1メートルとした（現在では、光の速さをもとに、もっと厳格に決められている）。

国際単位系には、基本になる単位がいくつか決められている。メートル、キログラム、秒は基本単位だ。量の大小をあらわすことばもそろっている。キロ、センチ、ミリなどだ。これらは接頭語といい、単位の前につけて使う。たとえば、メートルの前に1000倍のキロをつけて5キロメートル（5km）、1/1000のミリをつけて3ミリメートル（3mm）などとなる。100万倍はメガ（M）、10億倍はギガ（G）、100万分の1はマイクロ（μ）、10億分の1はナノ（n）だ。

自転車では、これらのほかに、ヤード・ポンド法というイギリスでうまれた古い単位系もよく使われる。ヤードは長さの単位で、1ヤードは約91.4センチ。ヤード・ポンド法では、1ヤード＝3フィート＝36インチと、同じ単位系のなかでもちがう名前がつけられている。

19世紀のなかばごろになると、いろんなものが黒船に乗って日本に入ってきた。自転車や新しい単位もそのひとつだ。

フランスの測量隊は、6年もかかってヨーロッパ大陸上の子午線を測定したんだって。

ぼく光。太陽から地球まで、約8分20秒でとどくよ

太陽から地球までの距離は150ギガメートル（150Gm）もある。

人間だと、時速4kmでずっと歩き続けても、太陽から地球までは4278年もかかるんだって

第2章

自転車に乗る

健太の妹が、新しい自転車を買ってもらった。さっそく広場にいって、練習がはじまった。最初は押して歩く練習から。それから、バランスをとる練習、足でけって進む練習、坂道をくだる練習、カーブをまがる練習……。安全にとまるための練習も必要だ。いろんな練習をくり返して、妹はひとりで自転車に乗れるようになった。

そして、妹の練習を手伝いながら、健太も自転車にはたらく「力」について、いろんな勉強をしたようだ。

ニュートンの運動の三法則

第1章でも紹介したアイザック・ニュートンは、力と運動との関係を研究して、それが3つの法則になることをしめした。最初に、この法則（運動の三法則）について紹介しよう。

ニュートンの運動の三法則は、「慣性の法則」（第1法則）、「運動の法則」（第2法則）、「作用・反作用の法則」（第3法則）の3つからなっている。

自転車の運動だけでなく、地球上でものが動くときには、どんなものにたいしてでも、この法則が成り立っている。

アイザック・ニュートン（1643-1727）

「慣性の法則」（第1法則）

ものは、力をくわえないと、動いているものはそのまま動き続け、とまっているものはずっととまったままでいようとする性質（慣性）をもっている――これが「慣性の法則」だ。たとえば、いったんスピードが出た自転車は、ペダルをこがなくても慣性によってそのまま同じスピードで走り続ける。

ただし、実際には、走っている自転車には、風や地面から受ける抵抗（まさつ）などの小さい力が逆向きにはたらき続けるので、スピードはすこしずつおそくなる。新しい力をくわえないと、自転車はやがてとまってしまう。

「運動の法則」（第2法則）

　とまっているものを動かしたり、動いているもののスピードや動く方向を変えようとするときには力が必要だというのが、「運動の法則」だ。重いものほど大きい力が必要になり、スピードや動く方向を急激に変えようとするときには、ゆっくり変えるときよりも大きい力が必要になる。

お母さんの自転車は重いし、荷物もお母さん自身も、重い。お母さんが健太の自転車に勝とうとすると、より大きな力が必要になる。

「作用・反作用の法則」（第3法則）

　あるものがべつのものを押すと、押したものは押されたものから押しかえされる。押しかえす力は、押した力と大きさが同じで、向きが反対だ。これを「作用・反作用の法則」という。

自転車に乗って力いっぱい地面をうしろにけると、自転車は前向きの力で地面から押しかえされる。

もし自転車で電柱にぶつかったら、ぶつかった力と同じ力で電柱から押しかえされる。ケガに注意！

自転車を動かす

はじめての自分の自転車。どんな練習しようかな。まず押して歩いてみる。サドルにすわってみる。そして、そっと押してもらい、足をあげて走ってみる。

自転車を押して歩く

自分の自転車を買ってもらった妹は、まずペダルをはずした自転車を押して歩く練習からはじめた。自転車の左側に立って、両手でハンドルをにぎる。前に向かってハンドルを押しだすように力を入れると、車輪がまわり、自転車はゆっくり動きだした。

自転車をわずかに自分のほうにかたむけてハンドルをもち、ゆっくりとまっすぐに歩きだす。このとき、固定したままのつもりでも、ハンドルの向きはほんのすこしずつ左右に動いている。

なれてきたら、こんどは、まがりながら歩く練習だ。大きな円や8の字を描くように、歩いてみる。ハンドルをすこし大きめに左右にきる（まわす）と、自転車はハンドルを向けた方向に進んでいく。

自転車にまたがる

次は、自転車にまたがってみる。安全のために、サドルの高さを低くした。
妹がサドルに腰かけたまま両足をあげると、自転車はすぐにかたむいた。だけど、だいじょうぶ。かたむいたほうの足をすぐに地面につければ、自転車はたおれない。

ちょっと走ってみよう

ペダルをはずした自転車でも走らせることができるかな？　妹が乗った自転車のうしろを、ぼくが押せばいい。

こんどは、坂の上からおりてくることにした。そうすれば、うしろから押さなくても自転車は走るからね。まずは坂の上まで、妹の自転車を押してあがった。なだらかなところはスイスイのぼれたけれど、急なところにくると、自転車がとても重く感じた。第1章で見たように、地球の重力が自転車を下へひっぱっているんだね。

→ 重力
→ ふたつにわけた力
→ 押しあげるのに必要な力

ものにはたらく重力は、真下（地球の中心）に向いた矢印であらわされる。そしてこの力は、重心から坂の斜面に直角な方向と、坂をくだっていく方向の、ふたつにわけることができる。ふたつにわけた力の方向と強さは、重力を対角線にした四角形を考えるとわかりやすい。坂をくだる方向の力は、なだらかな坂では小さく、急な坂では大きくなる。自転車を押して急な坂をのぼるときは、なだらかな坂をのぼるときよりも大きな力が必要になる。

坂の上についた。妹は、自転車の向きを変えてサドルにまたがり、地面から足をはなした。自転車は、スピードをあげながらくだっていった。前の章で見たガリレオの実験（▶24ページ）と同じだ。平らなところにくると、自転車のスピードはすこしずつおそくなる。でも、しばらくは走り続けた。ここでは「慣性の法則」がはたらいている。

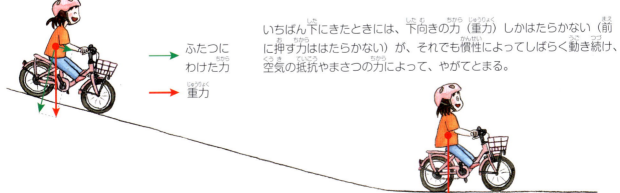

→ ふたつにわけた力
→ 重力

いちばん下にきたときには、下向きの力（重力）しかはたらかない（前に押す力ははたらかない）が、それでも慣性によってしばらく動き続け、空気の抵抗やまさつの力によって、やがてとまる。

※急なくだり坂ではスピードが出すぎるので、とてもあぶない。自分たちでやってみるときは、ゆるやかな坂道を選ぶこと。

2　自転車に乗る

バランスをとる

自転車はたおれやすい。地面についている点が、前輪と後輪の2か所しかないからだ。でも、だいじょうぶ。重心をうまく使えられれば、すぐにバランスがとれるようになる。

たおれないのは、なぜ？

　自転車は、前輪と後輪の2か所しか地面についていないので、たおれやすい。でも、走っているときには、とまっているときのようにかんたんにはたおれない。なぜかな？
　答えは、第1章でも見た重心にある。重心が、前輪と後輪が地面についているふたつの点を結ぶ線の上にあると、自転車はたおれない。自転車に乗っているとき、人は無意識のうちに、重心がこの位置にくるように、体を動かしてバランスをとっているんだ。重心のことがまだわからない健太の妹も、練習しているうちにコツがつかめたのか、自分の自転車でバランスをとることができるようになってきた。

赤ちゃんの成長とバランス

　生まれたての赤ちゃんは、お母さんが首をささえてあげないとまっすぐな姿勢をたもてない。生後3か月くらいで首がすわり、6か月くらいになると、ちょっとのあいだなら立てるようになる。つかまり立ちや伝い歩きで立って歩く練習をして、10か月から1年くらいたつと、ひとりで立って歩けるようになる。このように、赤ちゃんは、だいたい1年くらいをかけて、じょうずなバランスのとりかたを学んでいく。
　わたしたちが自転車の練習をするときにも、同じような過程をたどってバランスのとりかたを学んでいく。

赤ちゃんが歩いているところを注意してよく見ると、頭、胴体、手の位置が前後・左右・上下に動き、体の重心の位置がいつも変わっていることがわかる。自転車でバランスをとるのも、これと同じだ。

自転車でバランスをとる（1）

自転車をうまく乗りこなすには、バランスのとりかたが重要になる。下の絵は、重心の位置の関係を正面から見たところだ。

自転車がまっすぐに走っているとき、重心と健太の体と自転車のタイヤの中心は一直線にそろっている（①）。右のペダルをこぐと自転車は右にたおれ、タイヤもわずかに右を向く（②）。このとき、体を左側にすこし起こすように動かすと、重心の線はタイヤの中心にもどり、またまっすぐな位置関係になる（③）。左のペダルをふむと逆の方向にかたむく（④）ので、体の動かしかたも逆になる。

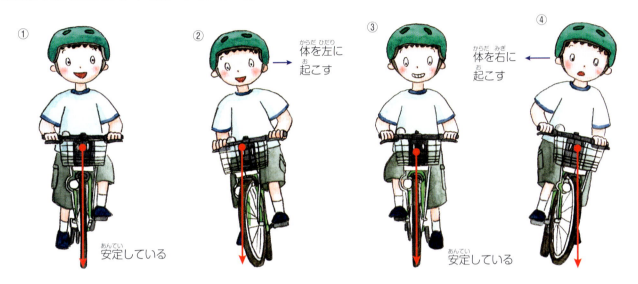

どっちがむずかしい？

一輪車と自転車、どっちが乗りこなすのがむずかしいかな？　自転車は、地面と接している点が2か所（前輪と後輪）あるので、左右のバランスをとればたおれずに進むことができる。けれど一輪車は、1か所でしか地面と接していないので、左右のほかに前後のバランスもうまくとらないと、すぐにたおれてしまう。一輪車は、自転車よりもずっとバランスをとるのがむずかしい。

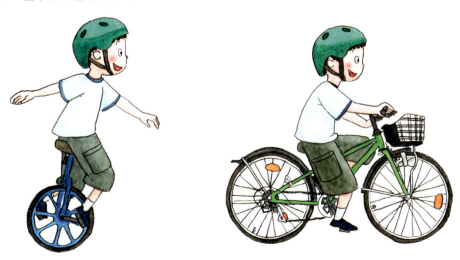

自転車でバランスをとる（2）

　36ページで説明したように、前後の車輪が地面についている点を結ぶ直線の真上に重心があるときには、自転車は安定して走り続けることができる。しかし、重心の位置がずれて自転車がかたむいてしまったときには、重心を中央にもどして、自転車を立て直さなければならない。重心と自転車の関係を真上から見てみよう。

重心が前後の車輪を結ぶ直線の真上にあるときは、自転車は左右にかたむかず、安定して走り続けることができる。

自転車が左にかたむいたため、前後の車輪が地面についている点が両方とも右にずれて、重心が左側に出てしまった。このばあい、重力（重さ）は自転車の左方向にはたらき、自転車はさらに左にかたむいて、ほおっておくとたおれてしまう。

ハンドルを左にきると、前輪が地面についている点が左にずれるため、重心は前輪と後輪が地面についている線に近づく。この状態で、乗っている人がほんのわずか重心を右側に移動させると、重心にはたらく力が右方向にかかるので、自転車のかたむきが解消される。

ダイナミックにバランスをとる

　自転車が大好きな健太は、運転がじょうずだ。いつも、いきおいよくペダルをこいで、車体を大きくゆらせながら走る。「こんなに大きくゆらして、たおれないかな？」と心配になるかもしれないけれど、だいじょうぶ。健太の運転を正面から見ると、どんなに大きくかたむいても、重心がタイヤの接地点の真上にくるように、体の位置をうまく動かしてバランスをとっていることがわかる。

かたむく前輪

　駐輪場に並んでいる自転車を観察していて、おもしろいことに気がついた。両立スタンドの自転車はまっすぐに立っているけれど、片足スタンドの自転車の前輪はみんな、スタンドのあるほうにかたむいていたんだ。これは、スタンドを立てることで重心がタイヤの線上からはずれて、スタンドのほうに寄ってしまうからだ。両立スタンドのばあいは、重心はタイヤの線上にあり続けるので、自転車はまっすぐに立っていることができる。

　自転車を片足スタンドで立たせると、自転車はスタンドのほうにかたむく。このとき、前輪も同じ方向にかたむいて、車輪の向きを変える。こうすることで、重心の真下がバランスのとれる位置にきて安定するしくみになっている。

速さと安定

　長い坂道で自転車のサドルにまたがり、足を前にのばした姿勢でまっすぐにくだる。このとき、自転車はスピードをあげながら坂道をおりていく。自転車は安定して立っていて、楽にバランスをとることができる。

　もう一度、こんどはブレーキをかけながら、ゆっくり坂道をくだってみよう。スピードが出ているときとちがって、自転車は左右にゆれながらくだっていく。バランスをとるのがとてもむずかしい。

　ものは、速く動いているほどその動きを安定して続けようとする性質をもっているからだ。▶72ページ

地面をけって進む

自転車にまたがって足で地面をうしろにけると、前に進む力が生まれる。地面から押しかえされたのだ。「ける」というはたらきが、それを「押しかえす」はたらきを生みだす。

ぼくと妹は、平らな場所に移った。そこで妹は、ペダルをふまずに、自分の足で地面をけって進む練習をはじめた。

だれかが押しているわけでもないのに、妹が乗った自転車は前に進んでいく。

作用・反作用

人が歩いたり走ったりするときには、足で地面をうしろにけって（押して）いる。このとき、足は、同じ強さの力で地面から押しかえされる。その押しかえされる力によって、前に進んでいく。「作用・反作用」の法則だ。速く走りたいときには、地面を強くける（押す）。▶33ページ

速く走りたいとき、ぼくは前足も使って4本足で走る。2本より4本の足のほうが、より大きな力を地面に伝えられるからね。

短距離を走る選手がスタートのときに使うスターティングブロックは、強くけって、より強い押しかえす力をもらうための道具だ。

身近にある作用・反作用

ものがなにかを押すと、押されたものから押しかえされる——この作用・反作用の関係は、ぼくたちの身のまわりのいろんなところで見ることができる。

ふたりが向きあい、おたがいに相手の手を押すと、相手からは大きさが同じで反対向きの力がかえってくる。

※このとき、たとえばローラースケートをはいていると、ふたりともうしろに押されてはなれていってしまう。

ロケットは、強い力でガスを下向きにふきだし、その反作用の上向きの力で宇宙まで飛んでいく。

ピッチャーが投げたボールは、バットを強く押し、バットから受ける反作用の力で遠くまで飛んでいく。

水泳のクロールでは、腕を大きくまわして水をうしろに押し、反作用で前に進んでいく力をもらう。

2そうのボートがぶつかると、おたがいに反対向きの力で押しかえす。

2 自転車に乗る

ペダルをふんで進む

自転車のペダルは、後輪に回転する力をおくるためのものだ。回転する後輪のタイヤと地面のあいだにはまさつが生まれ、それが地面をうしろに押す力になる。

進むのは、まさつの力

自転車の後輪をもちあげて、手でペダルをまわしてみた。ペダルをまわすと、ペダルのつけ根についている歯車がまわり、歯車にかかっているチェーンが動きだした。チェーンは後輪の歯車をまわし、それがうしろのタイヤをまわす力になる。けっこう複雑なしくみなんだね。

このしくみを使って自転車を走らせようとしたときに、たいせつなものがある。それは「まさつ」の力だ。

まさつというのは、たとえば地面におかれたものをすべらそうとしたときに地面から受ける、それを「押しとどめようとする力」のこと。前のページで見た「作用・反作用」は、このまさつがあるから生まれる。押しかえす力（反作用）は、まさつによってつくられるのだ。

運動靴をはいて走るとき、足は、かかとから地面につき、つま先が地面を押す。靴底と地面のあいだにはまさつがあるので、つま先で地面をうしろに強くけりだすことができる。

ここにまさつが作用する

運動靴の靴底にはかたいゴムが貼ってあって、ギザギザのもようがついている。これは、かざりではなくて、できるだけ大きなまさつを受けるためのものだ。ゴムがすりへってまさつを受ける力が弱くなると、すべりやすくなる。

氷の上は、まさつの力がとても小さい。土の上と同じように走ろうとしてもうまくいかなくてすべってしまうのは、そのせいだ。

自転車のタイヤは、人の足が円形につながったものと同じだと考えれば、タイヤとまさつとの関係が理解しやすい。

車輪がまわると、いちばん下にきた部分が地面を強く押す。そのときタイヤは、まさつのためにすべらないで、地面をうしろにける。この反作用の力が、自転車を前に進ませる。

> タイヤと地面とのあいだにまさつがあるから、タイヤはすべらずに回転する。まさつがなかったら、ペダルをふんでもタイヤは地面でからまわりをして、前には進めない。

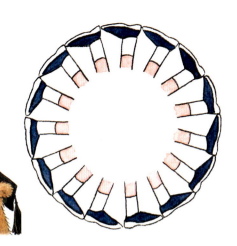

まっすぐに走ってるつもりでも……

健太の妹が、ペダルをふんで進む練習をしている。左足に力をいれると妹の体はすこし左にかたむき、右足に力をいれると右にかたむく。体は、ペダルをふみこんだ足の側に、交互にゆれ続けている。

自転車が走っているとき、タイヤはどんな動きをしているのだろう？　それを調べるために、タイヤを水でぬらして走ってみた。地面についたタイヤのあとを見ると……。

まっすぐに走っているつもりでも、タイヤは、左右に交互にまがっていた。

右足でペダルをふんだとき、自転車は右にかたむき、前輪が右にまがって、右に進もうとする。しかし、体は慣性で前方向に進み続けようとするから、自転車は、乗った人と自転車の重心にかかる力でひき起こされる。左足でペダルをふむと、右のときと逆のことが起きる。

このひき起こされる力によって、自転車はペダルをふむたびに、小さく右、左、右、左とかたむき、ハンドルはすこしおくれて右、左、右、左とまがりながら、たおれずに進み続けることができる。

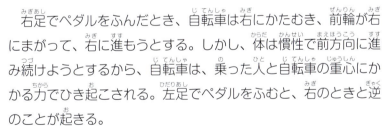

2 自転車に乗る

ブレーキをかける

スピードがでている自転車は、ペダルをこがなくてもそのまましばらく走り続ける。ブレーキをかけると、回転する車輪を押さえる力がはたらいて、自転車はとまる。

最初のうち、妹はブレーキレバーをうまくにぎることができなくて、靴底を地面に押しつけて、足をふんばるようにしてとまっていた。これでは、あぶなくて道路を走れない。

それから何度も練習して、ブレーキレバーをあわてずにぎることができるようになった。ハンドルについているふたつのブレーキレバーを強くにぎると、自転車はすぐにとまることができる。

ブレーキのしくみ

左右のブレーキレバーからは、細い管が車輪までのびている。右のブレーキレバーは前輪のリムの回転をはさんでとめるゴムへ、左のブレーキレバーは後輪の中心にあるドラムの回転をとめるゴムへつながっている。レバーをにぎると、細い管の中をとおっているワイヤー（はがねでできた針金）がひっぱられる。▶70ページ

左レバー
後輪のブレーキへ

右レバー
前輪のブレーキへ

● 前輪ブレーキ
リムの両側をゴムではさんで、しっかり押さえつける。

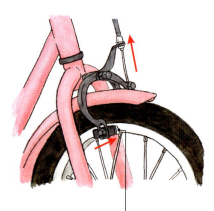

この部分でリムを強くはさんで、タイヤの動きをとめる

● 後輪ブレーキ
後輪の中心にあるドラムをバンドでしめつける（ふだんは内部は見えないが、ここでは内側のようすが見えるように描いている）。

ブレーキバンドがドラムをしめつけて、タイヤの動きをとめる

ドラム
（タイヤにくっついている）

ここは固定されている

慣性と慣性力

走っている自転車や自動車に急ブレーキがかかると、だれも押していないのに、乗っている人は前に押されたように感じる。乗りものはとまっても、乗っている人は「慣性」によって進み続けようとするからだ。

このとき人が感じる押されたような力を「慣性力」とよぶ。

急ブレーキをかけると、乗っている人は前に押される。あぶないので、シートベルトはきちんとしめておこう。

急発進のときは逆になる。動かないと思っていた電車が急に前に進みだしても、乗っている人の体は「慣性」によってとまり続けようとするから、「慣性力」によってうしろに押されることになる。

急発進した電車の中ではうしろに押される。ころばないように注意しよう。

自転車に乗る

自転車のブレーキは、左右同時に、同じ力でかけるようにすること。とくに、前輪にだけ急ブレーキをかけるのはあぶない。前輪がとまっても後輪はそのまま進もうとするので、前にのめって後輪が浮きあがってしまうことがある。

カーブをまがる

なにかがカーブをまがるときには、そこに「遠心力」という力がはたらく。だれからもひっぱられていないのに外側にひかれる、不思議な力だ。

妹がカーブをまがる練習をしている。右にまがるときには、ハンドルを右にまげ、体をすこし右側にたおしている。これで、自転車は右にまがっていく。左にまがるときは逆になる。

ハンドルをまげずに体を同じ向きにかたむけ続けると、自転車は大きな円を描くようにまがって動く。

「遠心力」

自動車がスピードをだしてカーブをまがろうとするとき、目に見えない力で外側にひっぱられ、シートベルトをしていても体がカーブの外側に向かってかたむいてしまう。これは「遠心力」という力のせいだ。自動車だけでなく、人でもものでも、カーブをまがるときにはいつも、カーブの円の中心から外側に向かって遠心力がはたらく。

オートバイレースの動画や写真を見たことがあるかな？ オートバイが速いスピードでカーブをまがるとき、車体と体はカーブの内側に大きくかたむいている。強い遠心力によって車体や体が外側に飛ばされてしまわないようにするためだ。

自転車に乗ってカーブをまがろうとするときにも、体と自転車の車体をカーブの中心に向かってすこしかたむけてやると、外側にたおれないでうまくまがることができる。

▶75ページ

自転車の合図をおぼえる

自動車が方向指示器などを使ってうしろの人に合図をおくるように、自転車に乗っているときにもいくつかの合図が決められている。たとえば、下のようなものだ。

● 自転車の合図

ひじをまげる
出した手と反対方向にまがる（このばあいは左折する）。

手をななめ下に
停止または徐行する。

手を水平にのばす
のばした方向にまがる（このばあいは右折する）。うしろを確認！

　自分で実際に自転車に関係したいろいろな力を調べたし、クマ博士からは力の種類や法則を教えてもらった。見えないところでいろいろな種類の力がはたらいていることを知って、とてもおもしろかった。
　きょうは、家族みんなでサイクリングに出かける。いろんなところで「自転車の力」に出会うのが楽しみだ。

2 自転車に乗る

パスカルと圧力

わたしたちが「力」のことを学ぼうとするとき、もうひとり忘れてならない人がいる。ガリレオ・ガリレイやニュートンとほぼ同じ時代に生きたフランスの科学者で、圧力の単位の名前にも使われているブレーズ・パスカルだ。パスカルは、1564年生まれのガリレオより60年くらいあとに生まれ、死んだとき、ニュートンは20歳だった。

パスカルは、力学に関係したいろいろな実験をおこなっている。

たとえば、山のふもとと頂上とで大気が地面を押す力（気圧）が同じかどうかを調べ、山の上ではふもとより気圧が低いことを明らかにした。ふもとで買ったお菓子の袋は、1000メートルをこえる山の上ではパンパンにふくらむ。ふもとでお菓子をつめたときの気圧（袋の中の気圧）のほうが山の上の大気圧よりも高いので、内側の空気が外向きに袋を押すからだ。

ブレーズ・パスカル（1623-1662）

「パスカルの原理」という法則がある。自転車のタイヤチューブのような密封した入れものに空気などを閉じこめ、その中の一部の圧力をふやすと、内部のどこでも同じだけ圧力がふえるというもの。第1章（▶18ページ）で見たように、自転車のタイヤは、内部の圧力がおよそ300キロパスカル（kPa）になるように空気を入れることになっている。圧力がさがったタイヤにポンプをつけて空気を入れ続けると、パスカルの原理がしめすように、全体が同じ圧力をたもちながらふくらんでいく。

ふもとの町で買ったお菓子の袋は、山の上ではパンパンにふくらんでしまう。

第3章

自転車の構造 I

自転車はなぜスピードがでるのか、軽くてもなぜ頑丈なのかを考える

健太の自転車研究がひとだんらくしたので、ここではぼく（クマ博士）が、自転車の歴史や構造について紹介していく。

世界で最初の自転車は、いまから200年くらいまえに、ドイツで発明された。自転車には、すこしの力で疲れずにスピードをだしたり、長い距離を走ったりする秘密、軽くても重い人間をうまくささえる秘密など、多くの秘密が隠されている。

かんたんにスピードがでる不思議

自転車は、発明されてからすぐに最近のような性能になったわけではない。スピードをあげたり、乗り心地をよくするために、長い時間をかけていろいろなくふうが重ねられてきた。

車輪の発明

■コロ

　自転車が発明される、ずっと前の話からはじめよう。紀元前27世紀ごろ（いまから5000年ちかくまえ）のエジプトでは、王様の墓（ピラミッド）をつくるために、たくさんの人びとが大きな石を切りだして運んだ。このとき、大きな力をださなくても重い石を楽に運べる道具として使われたのが、「コロ」だった。

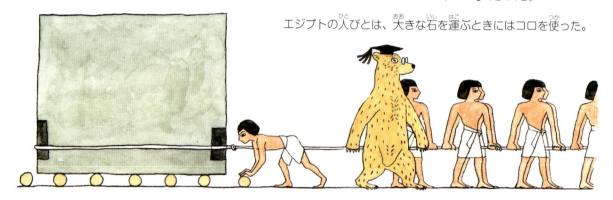

エジプトの人びとは、大きな石を運ぶときにはコロを使った。

　当時使われたコロのしくみは、とても単純なものだ。地面に、同じくらいの太さの丸太を何本か敷いて、その上に石をのせる。石に綱をつけてひっぱると下でコロがまわり、大きな重い石も、コロの上をすべるように動いていく。うしろにのこった丸太をつぎつぎに前にもってくれば、少ない本数の丸太で長い距離を運んでいくことができる。このコロが、車輪の起源になった。

■車輪

　初期の車輪は、現在のようなゴムタイヤではなく、木でつくった輪に軸をとおしたものだった。車輪を使うと、丸太を並べなくても、ものを運び続けることができる。これは人類の偉大な発明のひとつといえよう。

　車輪は、人がひく車だけでなく、馬にひかせる馬車や、牛にひかせる牛車にも使われていた。

人がひくこの車は、1台で8人分の仕事ができるということから、日本では「代八車（大八車）」とよばれた。

重いものを運んでいると車輪がすぐにすりへってしまうので、外側に鉄をまいて補強したりもしたんだって。

初期の自転車

■世界初の自転車

世界で最初に自転車を発明したのは、ドイツのカール・フォン・ドライス男爵。1817年のことだった。「ドライジーネ」とよばれるこの自転車は、いまの自転車とはちがって、車輪をふくめて車体のほとんどが木でつくられていた。ハンドルを使って進む向きを変えることができたが、ペダルはまだなく、足で強く地面をけって、自転車を前に押しだすしくみだった。当時、時速15キロで走ったという記録がのこっている。

ドライス男爵が発明した、世界で最初の自転車「ドライジーネ」。木製で、ハンドルがついており、足で地面をけって進んだ。

■ペダルがついた

1860年代前半に、パリに住むフランス人のミショー親子が、前輪にペダルがついた二輪車をつくった（「ミショー型自転車」）。いまの子ども用三輪車のように、ペダルが前輪の軸に直接つけられていて、ペダルをこぐと前輪がいっしょにまわった。

この自転車が最初に大量生産された自転車で、木製の車輪に鉄の輪をとりつけて丈夫にしたほか、鉄製の車体が採用された。日本にはじめてやってきたのは、このミショー型の自転車だったといわれている。

ミショー親子がつくって、最初に大量生産された自転車。前輪に直接ペダルがついており、車体は鉄でできていた。

■オーディナリー型自転車

前輪にペダルをつけた自転車は、ペダルが1回転すると前輪も1回転する。スピードをあげるためには前輪を大きくする必要があり、極端に前輪の大きい自転車がつくられた。

イギリスのジェームス・スターレーが発明した「オーディナリー型」とよばれるこの自転車の前輪の直径は、大きいものでは約1.5メートルもあった。サドルの位置が高いので、乗るのもおりるのもひと苦労。乗るときには壁によりかけてサドルの位置を低くし、おりるときにはたおれるまえにとびおりるという、危険なものだった。また、くだり坂などでスピードがでると、ペダルも車輪といっしょに速いスピードでまわるため、とてもあぶない。足をペダルからはなして前にピンとのばしておくしかなかった。

オーディナリー型自転車のなかには、前輪の直径が1.5mになるものもあった。

ひとこぎ、約5メートル

オーディナリー型自転車のペダルを1回こぐと、どのくらいの距離を進むことができるのだろう。

● ペダルを1回こぐと、前輪が1回転する。
● 前輪が1回転すると、自転車は前輪1周ぶんの長さだけ前に進む。
● 前輪の1周ぶんの長さ（円周）は、前輪の直径の約3.14倍（円周率）に等しい。

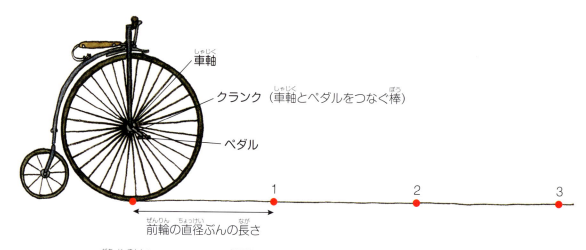

オーディナリー型自転車のペダルを1回転させたときのペダル1周ぶんの長さと、自転車が実際に進む距離とを計算してみた。

①ペダルを1回転させたときの、ペダル1周ぶんの長さ

車軸とペダルをつないでいる棒のことを「クランク」という。クランクの長さはふつう約17センチなので、直径は2倍の34センチ（0.34メートル）。これに円周率をかけると、ペダル1周ぶんの長さがもとめられる。

0.34m × 3.14 ＝ 約1.07m

②ペダルを1回転させたとき、オーディナリー型自転車が進む距離

オーディナリー型自転車の前輪の直径は約1.5メートルとして、これに円周率をかける。

1.5m × 3.14 ＝ 約4.7m

ひとこぎで約5メートル進む計算だ。

ぼくたちが歩いたり走ったりして進むときは、進んだ距離のぶんだけ足を運ばなければならない。でも、オーディナリー型自転車を使うと、進む距離の4分の1ほど足を動かせばすむ。自転車を使うとかんたんにスピードをだせる理由のひとつが、ここにある。

歯車を組みあわせる

1885年、ジェームズ・スターレーの甥のジョン・ケンプ・スターレーが、新しいタイプの自転車をつくった。ミショー型自転車やオーディナリー型自転車とは反対で、ペダルを1回転させたときに進む距離を、前輪でなく後輪で調整するしくみの自転車だ。ペダルの回転軸と後輪の回転軸のそれぞれには大きさが異なる歯車がついていて、チェーンでつながれていた。

これが、現在の自転車の原型だ。スピードアップのために前輪を大きくする必要がなく、バランスがとりやすいので、だれもが安心して乗れるようになった。

歯車とチェーンを使った最初の自転車。

■ 大小ふたつの歯車の組みあわせ

ペダルの回転軸についた歯車は大きく、後輪の回転軸についた歯車は小さい。たとえば、現在発売されている27型シティサイクル（タイヤの直径が27インチ＝約69センチの自転車）の前後の歯車の歯の数を調べてみると、32歯と14歯だった。

歯車とチェーンをすこし拡大してみたところ。

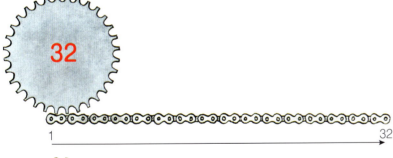

■ 歯車の回転数を計算する

大きい歯車が1回転するあいだに、小さい歯車は何回転するだろう。

● 大きい歯車が1回転すると、チェーンは32コマ動く。

● 小さい歯車は、チェーンが32コマ動くあいだに2回転と4歯ぶん回転する。

● 小さい歯車の4歯ぶんは、14分の4で、約0.3回転。

つまり、大きい歯車が1回転するあいだに、小さい歯車はだいたい2.3回転することになる。

歯の数が異なる歯車を組みあわせると、同じ時間内に回転する回数が変わる。このしくみは自転車以外にも使われていて、たとえば機械式の時計は、異なる歯数の歯車を組みあわせて、1分で1周する秒針の歯車、1時間で1周する分針の歯車、12時間で1周する時針の3種類の歯車がいっしょにまわっている。

ギア比

大きい歯車の歯数を小さい歯車の歯数でわった値を「ギア比という」（ギアとは英語で歯車のこと）。

大きい歯車を1回転させたときの小さい歯車の回転数は、ギア比と一致する。27型シティサイクルの例では、ギア比は「32÷14＝約2.3」となる。ギア比が2.3というのは、ペダルを1回転させると、後輪が2.3回転するという意味だ。

▶58ページ

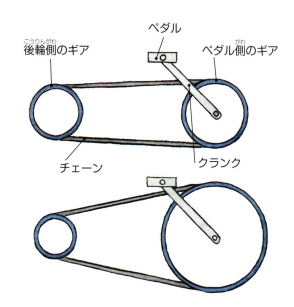

ギア比が小さい歯車の組みあわせ（上）と
ギア比が大きい歯車の組みあわせ（下）。

■27型シティサイクルがひとこぎで進む距離

- 後輪が1回転すると、自転車は後輪の1周ぶんの長さだけ進む。
- 後輪のまわりの長さ（円周）は、後輪の直径の約3.14倍（円周率）。
- ペダルを1回こぐと、後輪はギア比と同じ回数だけ回転する。

第1章（▶18ページ）で見たように、1インチは25.4ミリだから、以下のように計算する。

①27型シティサイクルの後輪の直径

　25.4mm×27＝約690mm（約69cm＝約0.69m）

②後輪が1回転するあいだに自転車が進む距離

　0.69m×3.14＝約2.17m

③ペダルが1回転したとき、後輪はギア比（32÷14）と同じ約2.3回転する

　2.17m×2.3＝約5.0m

図にすると、下のようになる。

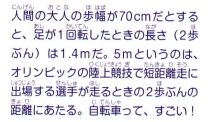

人間の大人の歩幅が70cmだとすると、足が1回転したときの長さ（2歩ぶん）は1.4mだ。5mというのは、オリンピックの陸上競技で短距離走に出場する選手が走るときの2歩ぶんの距離にあたる。自転車って、すごい！

　　　1（69cm）＋1（69cm）＋1（69cm）＋0.14（約10cm）

1周の長さは　217cm（2.17m）

これに、ギア比の2.29をかける

　　　1（2.17m）　＋　1（2.17m）　＋　0.29（0.63m）

ペダルを1回こいだときに進む距離は　約5m

フリー・ホイール

　後輪の回転軸には「フリー・ホイール」というしくみが組みこまれている。これは、ペダルを前方向にまわしたときにだけ回転を後輪に伝えるものだ。ペダルの回転と後輪のまわりかたの関係は、つぎのようになる。

◀ペダルを前にまわす（ふつうに自転車をこぐとき＝水色の矢印）
①大きい歯車が前にまわる
②チェーンが前にまわる
③小さい歯車も前にまわる
④後輪も前にまわる

▶ペダルの回転をとめると……
①大きい歯車の回転がとまる
②チェーンの回転がとまる
③小さい歯車の回転もとまる
④しかし、後輪は前にまわり続ける

◀ペダルを逆にまわすと……
①大きい歯車はうしろにまわる
②チェーンも逆にまわる
③小さい歯車も逆にまわる
④しかし、後輪は前にまわり続ける

　一度走りだした自転車は、力をくわえることをやめても「慣性」によってしばらくのあいだ走り続ける。疲れずに自転車に乗り続けられる秘密の、答えのひとつがここにある。ペダルをこがなくても前に進むので、車輪がまわっているあいだは、とめたペダルの上で足を休めることができるのだ。▶78ページ
　また、ペダルを逆にまわしても回転の力はどこにも伝わらない。つまり、「自転車は、ペダルをこいでバックすることはできない」。

ピストバイク

「ピストバイク」というのは、競輪で使われる競走用の自転車のこと。ふつうの自転車とは構造がちがっていて、①フリー・ホイールが組みこまれていないので、ペダルを前にまわせば自転車は前へ進み、逆にまわせばうしろに進む、②ブレーキがついていない——という特徴をもっている。構造が単純になれば、車体が軽くなるし、故障する可能性がある場所が少なくなる。

自転車の構造Ⅰ

自転車の速度とペダルの回転数

自転車のスピードをあげたいときには、ペダルを速くこぐ必要がある。ペダルの回転数と自転車のスピードとの関係を調べてみよう。

● 1分間に70回（平地で通勤やサイクリングのときにペダルをこぐ目安の回数）ペダルをこぐ。
● 27型シティサイクルは、ペダルを1回こぐと約5メートル進む。

① 自転車の分速
  5〔m〕× 70〔回/分〕= 350〔m/分〕

② 時速になおす
  350〔m〕× 60〔分〕= 21000〔m/時間〕
  = 時速21km

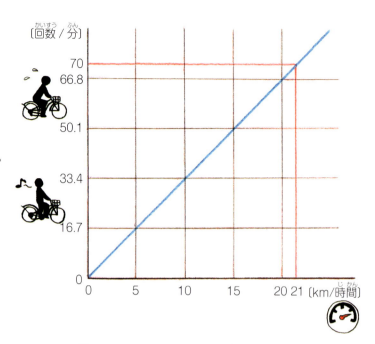

上のグラフがしめすように、自転車の速度を2倍、3倍、4倍とあげるためには、1分間にペダルをこぐ回数を2倍、3倍、4倍にふやさなければならない。

道路の状態とペダルのこぎかた

走っている道路がのぼり坂かくだり坂か、そのときの風が向かい風か追い風かなどのちがいによって、自転車のペダルのこぎかたは変わってくるね。

平坦な道路で、風がふいていなかったり追い風のときには、一度走りだした自転車は、ペダルをこがなくてもそのまましばらく走り続ける。スピードが落ちてきたら、もとの速さになるまですこしだけペダルをこいで力をおぎなえば、快適に走り続けることができる。

のぼり坂や向かい風のとき、またでこぼこ道やぬかるんだ道などでは、スピードが出ないのでペダルをこぎ続けなければならないし、ペダルをまわすために大きな力が必要になる。

くだり坂では、ペダルをこがなくてもどんどんスピードがあがっていく。快適だけど、スピードがあがりすぎるのは危険。はやめにブレーキをかけなければならない。

移動するものの時速を比較する

人間や動物、自転車の速度がどれくらいなのかを調べてみた。表を見ると、ずいぶんの差があることがわかる。

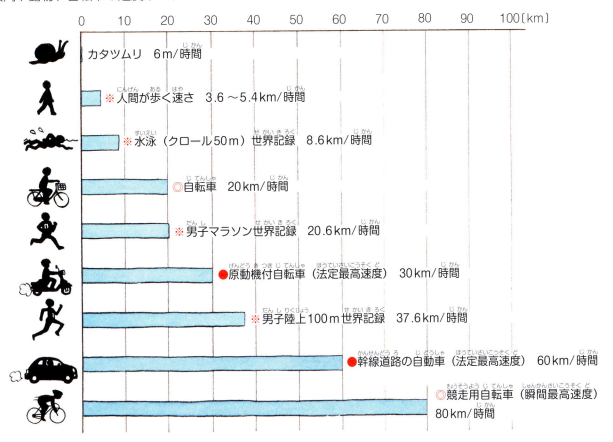

- カタツムリ　6m/時間
- ※人間が歩く速さ　3.6〜5.4km/時間
- ※水泳（クロール50m）世界記録　8.6km/時間
- ◎自転車　20km/時間
- ※男子マラソン世界記録　20.6km/時間
- ●原動機付自転車（法定最高速度）　30km/時間
- ※男子陸上100m世界記録　37.6km/時間
- ●幹線道路の自動車（法定最高速度）　60km/時間
- ◎競走用自転車（瞬間最高速度）　80km/時間

※は人間の運動（世界記録は2014年12月現在）、◎は自転車、●はエンジンというちがいがある。ジェット機は900km/時間、スーパーカーや新幹線は300km/時間のスピードをだせるが、これらもエンジンやモーターを使っている。

ローラー・チェーン

　自転車のチェーンは、ローラー・チェーンともよばれる。円管に軸をとおしたローラーと、その両端にとりつけたプレート（歯車にまきつくように動く部品）からなっていて、ローラーのあいだに歯車の歯をひっかけて、回転の力をつぎの部品に伝える。ローラーは同じ間隔で並んでおり、これが回転することで、歯とチェーンとのあいだのまさつをへらすはたらきをしている。▶101ページ

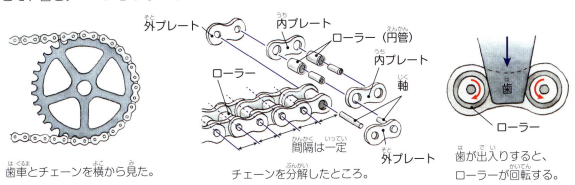

歯車とチェーンを横から見た。　チェーンを分解したところ。間隔は一定　歯が出入りすると、ローラーが回転する。

坂道をらくらくのぼる不思議

変速機は、歯車の組みあわせを切り替えて、ギア比を変えるための装置だ。変速機をうまく使うと、そのときの状況（平地とのぼり坂など）に応じて、疲れの少ない走りかたができる。

変速機

27型サイクリング自転車の、18段式変速機の構造を調べてみた。ペダル側と後輪側の歯車の枚数を数えてみると、下の図のように、後輪側には6枚、ペダル側には3枚の歯車がついていた。

●後輪側の歯車

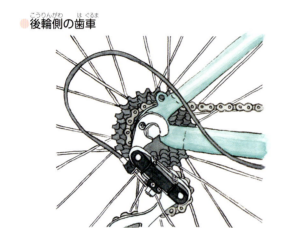

●ペダル側の歯車

前後の歯車の組みあわせによってギア比がどう変わるのかを調べたのが、下の表だ。

● ギア比＝（ペダル側の歯車の歯数）÷（後輪側の歯車の歯数）

18段式のギア比		後輪側の歯車の歯数					
		24歯	22歯	20歯	18歯	16歯	14歯
ペダル側の歯車の歯数	50歯	2.08	2.27	2.5	2.78	3.13	3.57
	42歯	1.75	1.91	2.1	2.33	2.63	3
	32歯	1.33	1.45	1.6	1.78	2	2.29

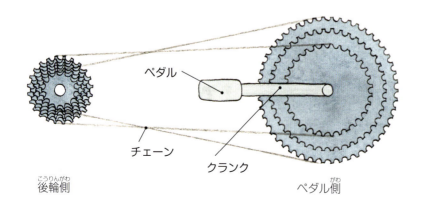

この自転車では、歯車の組みあわせによって、最小で1.33（低速ギア）から最大で3.57（高速ギア）までの18とおりにギア比を変えることができるということになる。

ギア比とペダルの重さ

　ギア比のちがいは、ペダルをこいだときに感じる重さと深く関係している。

　ペダルをこいでチェーンをまわしたとき、ペダル側の歯車が小さくなればなるほど、チェーンにくわわる力は大きくなる。また、後輪側の歯車が大きくなるほど、車輪を回転させる力は大きくなる。

　前のページの表で見たとおり、ペダル側の歯車が小さくて後輪側の歯車が大きいとき、ギア比は小さい（黄色で塗った部分）。

　ギア比のちがいによって何が変わってくるのかを、表にまとめてみた。

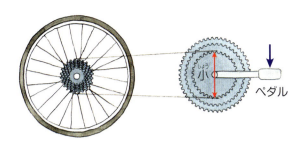

ギア比の大小によって、ペダルをこぐときに感じる重さは変わってくる。

同じ力でペダルをこいだとしても、ギア比が小さいときのほうが、車輪を回転させる力が大きくなる。その結果、ギア比が小さいほうがペダルが軽く感じるというわけだ。

自転車の構造 I

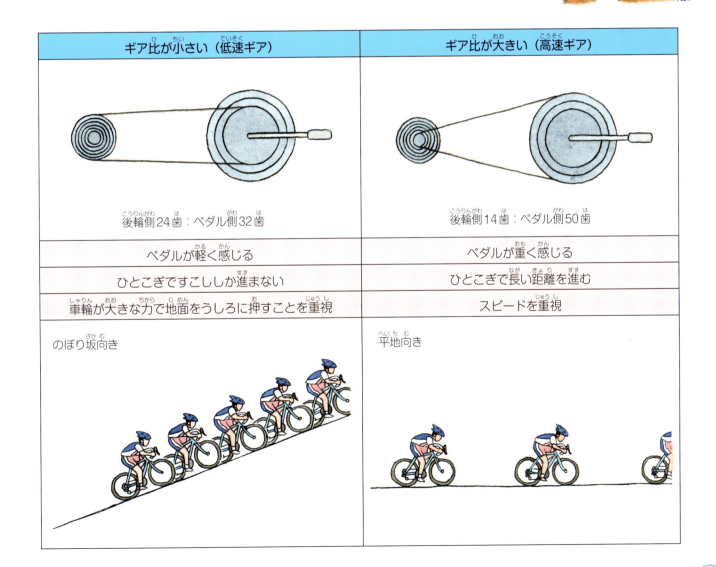

ギア比が小さい（低速ギア）	ギア比が大きい（高速ギア）
後輪側24歯：ペダル側32歯	後輪側14歯：ペダル側50歯
ペダルが軽く感じる	ペダルが重く感じる
ひとこぎですこししか進まない	ひとこぎで長い距離を進む
車輪が大きな力で地面をうしろに押すことを重視	スピードを重視
のぼり坂向き	平地向き

「仕事の原理」

科学では、「力でものを押し続けて、押した方向にものを移動させること」を、「仕事」とよんでいる。重いものAを真上にひきあげる「仕事」と、斜面に沿ってひきあげる「仕事」をくらべてみよう。

右の絵の、高さとAの重さは両方同じだ。斜面の長さは、真上にひきあげるときの長さの2倍になっている。

このとき、Aを斜面に沿ってもちあげる力は、真上にひきあげる力にくらべると半分になる。動かす距離は長くなる（2倍になる）いっぽうで、力は小さくてすむ（半分ですむ）ということだ。そして、どちらの方法でもちあげても、仕事の量を合計すると同じになる。

このように、「あることをなしとげようとするときに、どの方法を選んでも最終的な仕事の量が同じになる」ことを、「仕事の原理」という。

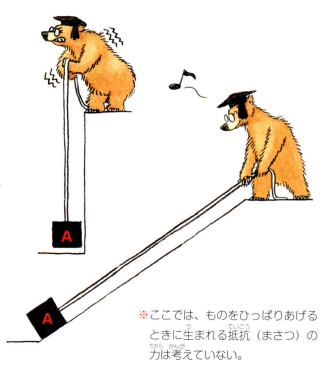

※ここでは、ものをひっぱりあげるときに生まれる抵抗（まさつ）の力は考えていない。

ギア比のちがいと仕事の原理

小さいギア比を選べば、ペダルをふむ力は弱くてすむけれど、こぐ回数は多くなる。逆に、ギア比が大きくなると、より大きなペダルをふむ力が必要になるけれど、こぐ回数は少なくてすむ。結局、どのギア比を選んでも、坂道をのぼりきるために必要な仕事の量の合計は変わらない。ここでも、仕事の原理が生きている。

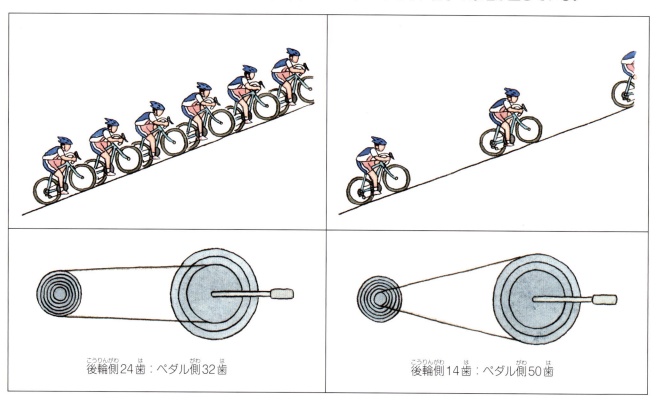

後輪側24歯：ペダル側32歯　　　後輪側14歯：ペダル側50歯

軽い自転車が人をささえる不思議

気軽に乗れる自転車は、できるだけ軽いほうがいい。同時に、大きな力がくわわっても変形しないだけの頑丈さも必要だ。軽くて丈夫な自転車をつくるために、さまざまなくふうがなされている。

車体のフレーム（骨組み）

自転車の車体のフレーム（骨組み）には、丸棒ではなく、中が空洞になったパイプが使われている。丸棒よりもパイプのほうが、丈夫で軽いものがつくれるからだ。

● 強さをくらべる

	①	②	③	④
同じ長さ、同じ重さの材料でつくった丸棒とパイプの断面	●	◎	○	○
①を10としたばあいの、それぞれの強度	10	14	28	68

● 重さをくらべる

	①	②	③	④
上の強度と同じものを丸棒でつくったばあいの丸棒の断面	●	●	●	●
①を10としたばあいの、それぞれの重さ	10	12	14	25

自転車のフレームの材料には、スチール（おもな成分が鉄で、そこにほかの金属を混ぜた合金）が多く使われている。

上の表（①～④）は、スチールの強さを調べたものだ。同じ長さ、同じ重さの丸棒とパイプの強さをくらべてみると、直径が大きくなるにつれて、パイプの強さが増してくることがわかる。④のパイプは、内部が空洞で肉厚（パイプの壁の厚み）が薄くなっても、①の丸棒の約7倍も強い。ただし、パイプをあまり太くしすぎると肉厚が薄くなりすぎて、なにかに衝突したときにへこんで折れやすくなる。同じ重さのなかでパイプを太くするのには、限度がある。

下の表の②～④は、上の表のパイプの②～④と同じ強さになるようにつくった丸棒の重さをあらわしている。これを見ると、④のパイプと同じ強さのものを丸棒でつくろうとすると、重さが2.5倍にもなってしまうことがわかる。強さがあってもフレームが重すぎるのでは、とりあつかいがむずかしい。

最近では、フレームの素材に、スチールよりも軽くて強い、炭素繊維強化プラスチックやアルミニウム合金を使うこともふえてきている。

ダイヤモンドフレーム

自転車のフレームは、四角形の対角線に「筋交い」を入れて、三角形をふたつ組みあわせた構造になっている。「筋交い」というのは、四角形のものの強度をあげるためにななめにつける材料のことだ。

下の図の①のように、梁と土台を2本の柱で釘づけしただけでは、外（上下左右）から力がかかると、かんたんにかたちが変わってしまう（②③）。こんなばあい、④のように四角の枠を斜めに結ぶ木材を釘でとめると、変形するのをふせぐことができる。

筋交いを入れた自転車のフレームは、そのかたちから、菱形フレームまたはダイヤモンドフレームとよばれる。

わかりやすくするために、こんな装置をつくってみたよ

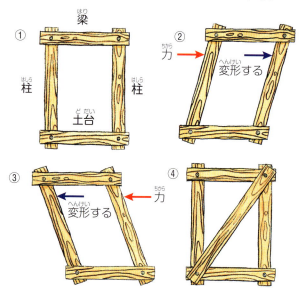

四角形は、4辺のそれぞれの長さが決まっても、長方形や何種類もの平行四辺形に変化しやすく、安定しない。いっぽう三角形は、3辺のそれぞれの長さが決まるとかたちが決まって、変形しない。建築の世界では、三角形を組みあわせて変形をふせぐこの構造を「トラス構造」とよび、多くの建物に使われている。

うーん！
力いっぱい押しているのにかたちが変わらない！

三角形は、3つの辺の長さが決まると、かたちが決まって変形しない。

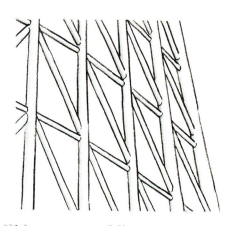

東京スカイツリーの外装にも、トラス構造が使われている。

車輪（ホイール）

車輪を構成しているおもな部品には、タイヤのほかに、ハブ、リム、スポーク、ニップルがある。これらは、つぎのような役割をはたしている。

①**ハブ** 車輪の中心部分。リムから出たスポークはすべて、ここに集まっている。

②**リム** タイヤの内側にあって、車輪のかたちをささえている、かたい金属の輪。内側に並んだ穴にスポークを固定し、外側にはタイヤをつける。

③**スポーク** ハブとリムをつなぐ細いワイヤー。かぎのかたちにまがった端の部分をハブの穴にひっかけ、反対の端にあるネジがきってある（ネジの溝がある）部分を、ニップルでリムに固定する。

④**ニップル** スポークをリムにとめるための小さな部品。専用のレンチ（しめつけたりゆるめたりする道具）を使ってニップルを回転させて、スポークの張りぐあいを調整する。

●車輪の中央部分

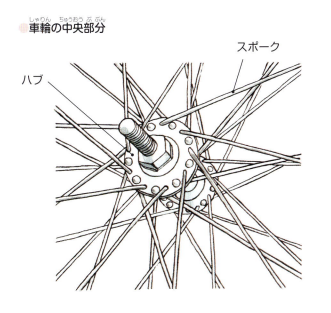

●車輪のタイヤ側部分

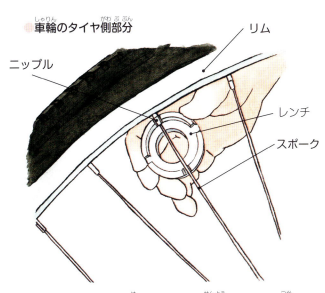

スポークの張りぐあいは、専用のレンチを使って調整する。

軽くて風の影響も受けにくい

車輪の軸から四方八方にのびて車輪と軸とをつないでいるのが、細い金属でできたスポークという部品だ。初期の自転車では、軸と車輪をつなぐのに板や棒が使われていたが、スポークが使われるようになったことで、自転車はそれまでのものよりずっと軽くなった。また、スポークはとても細いので横風の影響を受けにくく、より安定して走ることができるようになった。

●スポークの構造

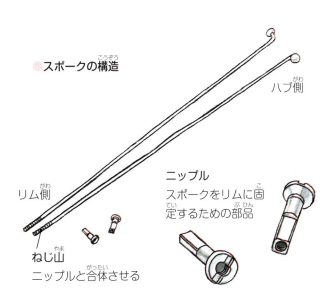

車軸をささえる

スポークは、車軸をささえるたいせつな部品だ。使われる材料は変わってきたが、そのかたちは、むかしからほとんど変わっていないように見える。しかし実際には、「ささえる」ことにたいする発想の転換があり、初期のものと現在のものとでは、力のくわわりかたに大きなちがいがある。

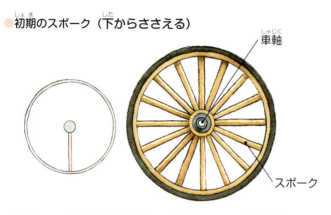

●初期のスポーク（下からささえる）

自転車は、車体や人間の重さが車輪、とくに車軸に集中する。初期の自転車では、スポークに木材や頑丈な金属が使われ、軸の下に頑丈な棒を入れることで、車軸を下からささえていた。

●現在のスポーク（上からつるす）

1870年代ころから、自転車を軽くするために細いスポークが使われるようになった。スポークは、鋼鉄を細くひきのばしてつくったもので、軽いにもかかわらず、ひっぱる力に強い。これを利用して、車軸を下からささえるのでなく、上からつるす方法が考えられた。

スポークにくわわる張力

人が自転車に乗っているときには、スポークの位置によって、くわわる張力（ものを両側にひっぱる方向にはたらく力）が変化する。スポークは、ひっぱられる力には強いけれど、押す力がくわわるとかんたんにまがってしまう。このため、ニップルを回転させて、あらかじめ決められた大きさの力でひっぱってある。

■軸の真上のスポーク

軸の上の3〜4本のスポークで軸をつりさげて、車体や人の重さをささえている。車体に重さがかかると、タイヤの軸は重さで下にさがろうとするので、スポークは、軸がさがらないようにひっぱってささえる。つまり、真上のスポークは、重さがかかる前よりも、より大きな力で軸をひっぱっている。

■軸の真下のスポーク

スポークは軸から真下のリムに向かって押され、同時に地面からは上向きに押されるため、はじめにくわえた張力よりも弱くなる。それでも、はじめにくわえた張力が両側から押される力より勝っているので、変形することはない。

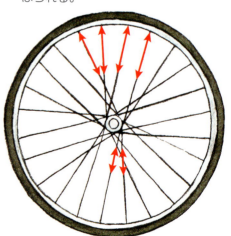

真上のスポークは、軸からひっぱられる。

真下のスポークは、軸から下のリムに向かって、また地面から上に向かって押される。

第4章

自転車の構造 II

走っている自転車がなぜたおれないのか、人はどのように自転車に乗っているのかを考える

自転車には、小さい力を大きい力に変えて利用したり、バランスをとって走るための、さまざまなしくみがとりいれられている。ここでは、いろいろな部品がどんなしくみで動くのかを中心に紹介していこう。そこにはいろいろなくふうがこめられていることがわかる。

小さい力で自転車を動かせる不思議

自転車のスピードをあげるときは、ペダルを速くこぐ。スピードを落とすときは、ブレーキをかける。方向を変えるときには、ハンドルをきる。これらはどれも、「てこの原理」を応用したものだ。

てこの原理

「てこ」というのは、小さい力で重いものを動かすための道具だ。長い板や棒の下にささえをおいて、そこから短いほうに重いものをおく。長いほうの先の部分に力をくわえると、小さい力でも、短いほうにおいた重いものを動かすことができる。

板や棒をささえる点Aを「支点」、力をくわえる点Bを「力点」、大きな力を発生させて、ものをささえたり動かしたりする点Cを「作用点」という。

てこでものを動かすはたらきは、「支点からの距離」と「力の大きさ（ものの重さ）」が関係している。ふたつをかけあわせた値が支点の両側で同じなら、両方がつりあい、地面に平行な位置でとまる。どちらかが大きいばあいは、大きいほうが下にさがることになる。これを「てこの原理」という。右の絵の状態を式で表すと、こうだ。

15〔kg〕× 0.6〔m〕＝ 3〔kg〕× 3〔m〕

棒をささえている点から0.6メートル（60cm）のところにのせた15キログラムのおもりをもちあげるためには、棒をささえている点から3メートルのところに3キログラム（以上）の力をくわえればいい。

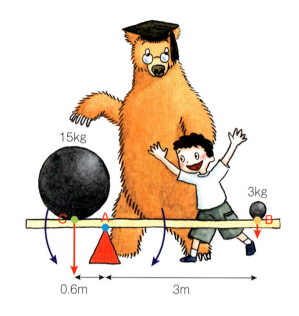

重いものを楽にもちあげるコツは、もちあげるものを支点に近いところにおいて、反対側のできるだけ支点から遠い部分に力をいれるようにすること。支点からの距離が同じなら、もちあげるものと同じだけの力が必要になる。

身近にある、てこを利用した道具

右の3つの絵は、どれも「てこの原理」を利用する道具だ。左のふたつは、小さい力をかければ大きい力をだすようにくふうされている。いちばん右のピンセットは、指先にくわえた力を小さくやさしい力にしてくれる。支点、力点、作用点の並び順は、それぞれちがっている。

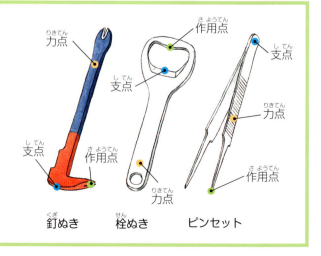

釘ぬき　栓ぬき　ピンセット

クランク：ペダルの力を伝える

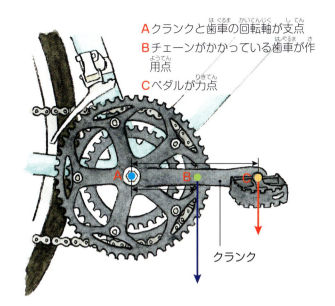

A クランクと歯車の回転軸が支点
B チェーンがかかっている歯車が作用点
C ペダルが力点

自転車のペダルと歯車の軸をつないでいる棒を、クランクという。ペダルをこぐと、その力はクランクをとおして前輪の歯車からチェーンへと伝わり、後輪の歯車をまわす。

これも一種の「てこ」だ。前のページで見たてこは、支点の両側にわかれて力点と作用点があったが、クランクでは、支点（歯車の軸部分）の片側に、力点（ペダル）と作用点（歯車）の両方がある。

このばあい、「ペダルをふむ力×クランクの長さ」と「チェーンをまわす力×歯車の半径」は同じになる。ペダルをふむ力を1としたときに、チェーンをまわす力がその何倍になるかを知りたいときには、「クランクの長さ÷歯車の半径」を計算すればいい。

第3章（▶58ページ）で紹介したサイクリング自転車（18段式）をはかってみると、クランクの長さは17cm、ペダル側の3枚の歯車の半径は、小さいほうから6.5、8.5、10cmだった。計算してみると、チェーンをまわす力は、ペダルをふむ力の、それぞれ17÷6.5＝2.6（倍）、17÷8.5＝2（倍）、17÷10＝1.7（倍）となった。

力のモーメント

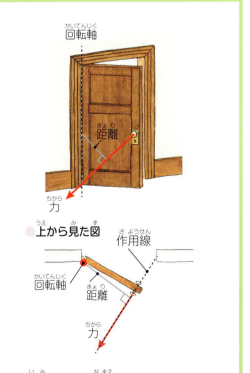

ドアを開けるために、床に平行な力を取っ手にくわえたところを考えてみよう。ドアは、ちょうつがいのついた部分を回転軸として回転する。この力がドアを回転させるはたらきを「力のモーメント」という。力のモーメントは「回転軸から作用線（力の向きにひいた直線）までの距離×かけた力の大きさ」であらわすことができ、つぎのようにまとめられる。

- かける力が同じなら、回転軸からの距離が遠いほど力のモーメントは大きくなる。
- 力がはたらく点を作用線にそって動かしても、力のモーメントの大きさは変わらない。
- 力の作用線が回転軸の真上を通るばあい、その力には回転するはたらきがない（力のモーメントは0になる）。

※モーメントは「きっかけ」という意味。回転のきっかけをあたえるものという意味で、この名前がついている。

ハンドル：進む方向を変える

ハンドルは、自転車の進む方向を変えたいときに使うほか、乗っている人をささえる役目ももっている。運転するときには、両端にとりつけられたグリップ部分を軽くにぎって、左右にこきざみに動かしながらバランスをとる。

ハンドルの中央部分はステムに固定されていて、前フォークをとおして前輪の回転軸につながっている。

ここにも「てこの原理」が使われている。

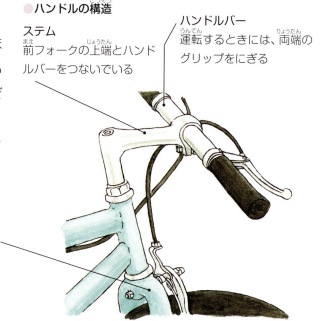

●ハンドルの構造

ステム
前フォークの上端とハンドルバーをつないでいる

ハンドルバー
運転するときには、両端のグリップをにぎる

前フォーク
ハンドルの回転軸は、この中を通って下にのびている。とちゅう、二股にわかれて前輪をはさみ、いちばん下の端が、前輪の回転軸に固定されている。

右の図は、ハンドルを上から見たところだ。回転軸の部分が支点で、ここを中心に左右にまわす（赤い矢印が力の方向と強さ、紺色の矢印が回転の方向と大きさをしめす）。

仮に、回転軸からグリップまでが約24センチ、前フォークまでが約3センチだとすると、「てこの原理」によって、ハンドルにくわえた力の約8倍（24÷3）の力で前輪の向きを変えることができる計算になる。

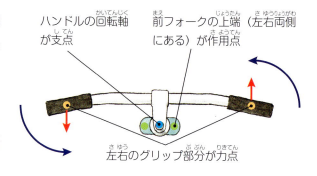

ハンドルの回転軸が支点

前フォークの上端（左右両側にある）が作用点

左右のグリップ部分が力点

ハンドルには、支点の両側に、あわせてふたつの力点があり、左右のグリップに力がくわわる。両手でハンドルをにぎって左手のグリップを手前にひけば、右手のグリップは、ひいた左手グリップの反対方向に押されて前に出る（①）。右手のグリップを手前にひくと、動きは逆になる（②）。③④のように、力点にはたらく力を同じ向きにくわえたときには、ハンドルをきる（まわす）ことはできない。

左右のグリップにはたらく力の大きさが等しく、平行で、反対向きのとき、このふたつの力を「偶力」という。偶力でハンドルをきれば（まわせば）、小さい力でハンドルをきることができる。片側だけに力をくわえるときの半分の力を、左右それぞれのグリップにくわえればいいのだ。

① 力点／支点

②

③

④

左右どちらかのグリップを手前にひけば、ハンドル（タイヤ）は、ひいた方向に向きを変える。

両方のグリップを同じ向きの力でひいたり押したりしても、ハンドルは回転せず、向きを変えることはできない。

ブレーキ：スピードを落とす

自転車に安全に乗るためには、スピードをあげることよりも、スムーズにスピードを落としたり、とまりたいときにきちんととめられることがたいせつだ。この役割をはたすのがブレーキで、ハンドルの左右のグリップ部分についているレバーを使って操作する。前輪のブレーキと後輪のブレーキとでは、その方式がちがっている。▶くわしくは、70ページ以降

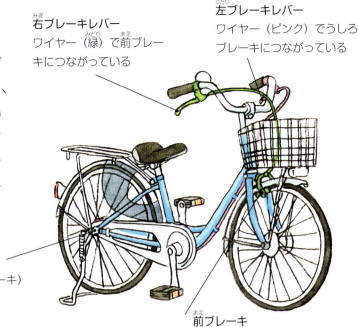

右ブレーキレバー
ワイヤー（緑）で前ブレーキにつながっている

左ブレーキレバー
ワイヤー（ピンク）でうしろブレーキにつながっている

うしろブレーキ
（バンド式ブレーキ）

前ブレーキ
（サイドプル式ブレーキ）

■ブレーキレバー

ブレーキレバーの根元にはブレーキワイヤーの端がつながれていて、レバーをにぎるとワイヤーがひっぱられ、前後のブレーキに車輪をとめる力を伝える（赤い矢印が、力の方向と強さをしめす）。

ブレーキレバーも「てこの原理」を利用している。支点となるレバーの回転軸から力点（レバー）までが、支点と作用点（インナーワイヤーの端）の距離よりも長くつくられているので、レバーをにぎる力よりも大きい力でインナーワイヤーをひっぱることができる。

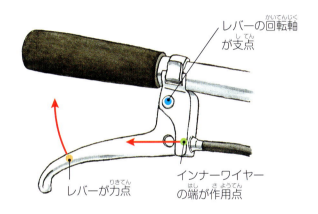

レバーの回転軸が支点

レバーが力点

インナーワイヤーの端が作用点

ブレーキレバーの支点から、レバーの力点までが約10cm、ワイヤーの端までが約2.5cmとすると、レバーにくわえた力の約4倍（10÷2.5）の力でワイヤーをひっぱることになる。

ブレーキワイヤーの構造

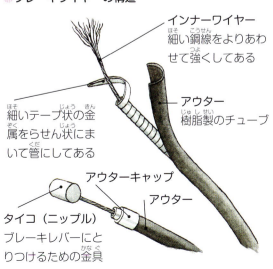

インナーワイヤー
細い鋼線をよりあわせて強くしてある

アウター
樹脂製のチューブ

細いテープ状の金属をらせん状にまいて管にしてある

アウターキャップ

アウター

タイコ（ニップル）
ブレーキレバーにとりつけるための金具

■ブレーキワイヤー

ブレーキレバーとブレーキのあいだをつないでいるブレーキワイヤーは、左の図のようにアウターとよばれるチューブ管の中に、インナーワイヤーとよばれる金属線を何本もよりあわせたものが通っている。

■後輪のブレーキ

後輪のブレーキには、多くのばあいハブの回転をとめるバンド式のハブブレーキが使われている。▶「ハブ」については、63ページ

車輪を回転させる後輪のドラムのまわりには、ゴムなどの弾力のある材料を金属状の帯の表面に貼りつけたバンドがとりつけられている。ブレーキレバーをひくと、インナーワイヤーをとおしてバンドがひっぱられ、外からドラムをしめつけて回転をおさえる。ドラムをしめつける力は、ブレーキレバーにくわえる力の大きさで調整する。

● 後輪のブレーキ（ハブブレーキ）

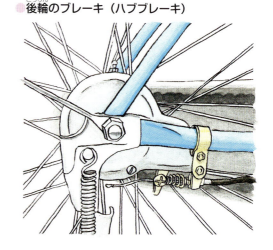

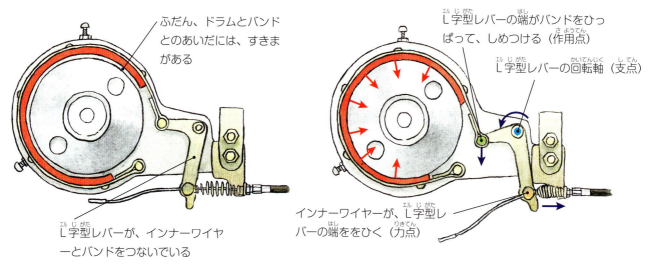

ふだん、ドラムとバンドとのあいだには、すきまがある

L字型レバーが、インナーワイヤーとバンドをつないでいる

L字型レバーの端がバンドをひっぱって、しめつける（作用点）

L字型レバーの回転軸（支点）

インナーワイヤーが、L字型レバーの端をひく（力点）

ふだんは、ドラムとバンドのあいだにはすきまがあるので、ドラムはスムーズに回転する（左）。ブレーキレバーをひくと、インナーワイヤーがL字型レバーを介してバンドをひっぱり、ドラムの回転をおさえる（右）。

■前輪のブレーキ

前輪には、車輪のリムの両側からゴムではさみ、リムをおさえつけて車輪の回転をおさえるリムブレーキが使われる。インナーワイヤーがはたらく位置がブレーキ本体の片側だけにあるものをサイドプル式ブレーキといい、ほとんどの自転車にはこの方式のものが使われている。

● 前輪のブレーキ（リムブレーキ）

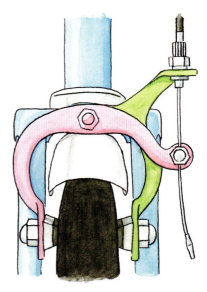

サイドプル式ブレーキは、2枚のU字型の平たい金属板が、一部分が重なった状態で、共通の支点でささえられている。U字型金属板の裏側にはバネがついている（黒の点線でしめした部分）。ブレーキレバーをにぎってインナーワイヤーをひくと、2枚のU字型金属板が反対の向きに回転してゴム（ブレーキシュー）が車輪のリムをはさむかたちになり、これが車輪の回転をおさえる。

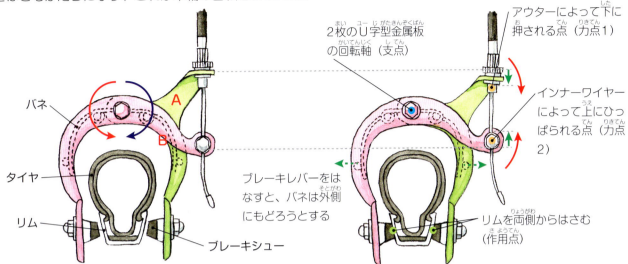

■ **前輪のブレーキのはたらきかた**

　緑色の金属板の腕Aはアウターに、ピンクの金属板の腕Bはインナーワイヤーに、それぞれ固定されている。

1. ブレーキレバーをにぎってインナーワイヤーを上にひくと、ゆとりをもってまがっていたアウターは、右の図の左の状態から、ピンと張った右のようになる。アウターのいちばん下の位置がさがることによって、アウターに固定されている腕Aが下に押される。

2. インナーワイヤーに固定されているピンクの金属板の腕Bは、インナーワイヤーが上にひかれると、いっしょに上にあがる。

3. 腕Aがさがり、腕Bがあがると、金属板の裏についているバネが内側に縮められる。バネは、縮められるともとどおりに開こうとする力が生まれる。左右のバネが同じ縮みかたをすると、腕Aがさがる長さと腕Bが上にあがる長さは等しくなる。

4. ふたつの金属板の最下部についているゴムは同じ距離だけ内側に動き、左右から同じ力でリムをはさむ。

5. ブレーキレバーの手をゆるめると、「バネ」のもっているもとにもどろうとする力で、腕Aと腕Bはもとの位置にもどる。

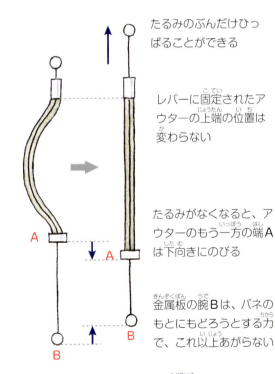

ブレーキレバーをひくと、緑色の金属板の腕Aがさがると同時に、ピンクの金属板の腕Bが、Aがさがった長さと等しい長さだけ上にあがる。

自転車の構造Ⅱ

自転車が安定して走る不思議

とまっている自転車は、足を地面につけてささえないとすぐたおれてしまう。でも、走っているときにはかんたんにはたおれない。自転車は、いったん走りだすとたおれにくいという性質やしくみをもっている。

速さと向きをたもとうとする性質

■重いものはとめにくい

ベビーカーとトラックが走り続けようとする性質をくらべてみる。同じスピードで走っているばあい、重いトラックのほうが、軽いベビーカーより走り続けようとする性質が強く、とめるのはむずかしい。

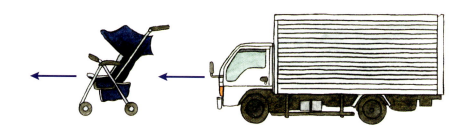

スピードが同じときには、重いものほど走り続けようとする性質が強い。

■速く動いているものはとめにくい

子どもが高い台の上から飛びおりたときと、低い机の上から飛びおりたときとでは、高い台の上から飛びおりたほうがとめにくい。スピードが出て、落ち続けようとする性質が強くなっているからだ。

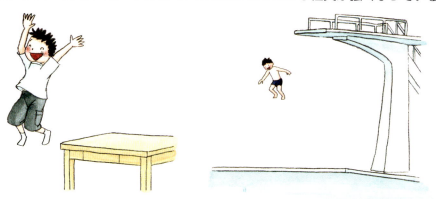

重さが同じときには、速く動いているものほど動き続けようとする性質が強い。

■速くまわる車輪は方向を変えにくい

回転する車輪は、同じ速さでまわり続け、軸の向きをたもとうとする性質がある。このとき、かたちが同じなら、重いものほど、また回転するスピードが速いものほど、回転運動に勢いがあって、速さや軸の向きを変えるのがむずかしくなる。

重くてスピードが出ている自転車ほど、安定して走る一方でハンドルがなかなか思いどおりに操作できないのは、このためだ。

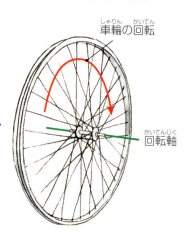

車輪の回転

回転軸

両足スタンドを立てて後輪が地面につかないようにしたうえでペダルをこいでみたことがあるかな。後輪は勢いよくまわりだして、こぐのをやめても長いあいだまわりつづける。まわりだした車輪は、それをとめようとする力がくわわらなければ、まわりつづける。

かたむいたまま、カーブしながら進む

運動会などでおこなわれる競技のひとつに、自転車のリム枠を棒でまわしながら走る「リムまわし」がある。棒がリムのみぞからはなれてしまうと、進む向きをコントロールすることができなくなるが、すぐにたおれてしまうことはない。リムはしばらく進み、やがてゆっくりとかたむきはじめる。かたむいたリムは、かたむいた側にカーブしながら、しばらくころがっていく。

「リムまわし」。棒で進む方向をコントロールしながら、リムを運んでいく。

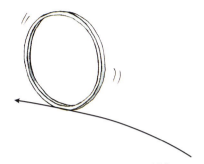

棒がリムからはずれても、リムは左右のどちらかにカーブしながら、しばらくころがっていく。

自転車に乗っているときにも、同じようなことが起こる。自転車が左右どちらかにかたむくと、まっすぐには進まず、かたむいたほうにカーブしながら、たおれずに進んでいくのだ。実際の運転では、この性質を利用してまがる方向をコントロールする。

■ 角度と速度

自転車がまがるときに描くカーブの大きさは、自転車のかたむく角度と速度のふたつで決まる。

①自転車が同じ速度で進んでいるとき、自転車のかたむきが大きいと急なカーブになり、小さいとゆるやかなカーブになる。

②自転車のかたむきが同じとき、自転車の速度がおそいと急なカーブになり、速いとゆるやかなカーブになる。

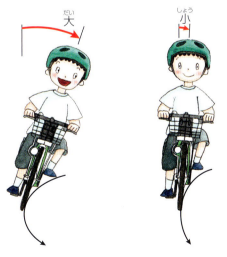

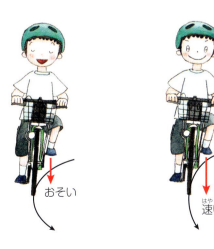

まとめると、つぎのようになる。

● 急な角度でまがりたいときには、自転車のかたむきを大きくするか、スピードをゆるめてまがる。
● ゆるやかにまがりたいときには、かたむける角度を小さくするか、スピードをあまりさげないでまがる。

前輪のかたむきと、ハンドル

片足スタンドの自転車をとめると、右の絵のように車体はかならずスタンド側（左）にかたむく。このとき、前輪は車体がかたむいた側にかたむき、ハンドルも同じ方向を向く。ハンドルは、なぜ左に向くのだろう？

片足スタンドの自転車をとめたとき、前輪とハンドルはかならずスタンド側に向いてかたむく。

■前フォークのカーブに注目

自転車の前フォークをよく観察してみよう。先端部分が、ちょっとカーブしていることに気がついたかな。

右の図の紺色の線は、ハンドルの回転軸をXとX'を結ぶ線でわけたものだ。この線をもとにして前輪部分をふたつにわけてみると、前フォークがカーブしていることによって、ハンドルの回転軸が前輪の中心よりもうしろ側にきていることがわかる。

前輪の前側Aの部分は、うしろ側Bの部分よりも範囲が広い。つまり、前側Aは、うしろ側Bよりも重いということだ。

自転車がどちらかにかたむくと、この重さの差によって、前輪をかたむいた方向にまわそうとする力がはたらく。このとき、前輪と接続されているハンドルも、自然に車体がかたむいた側にふれる（まわる）ことになる。

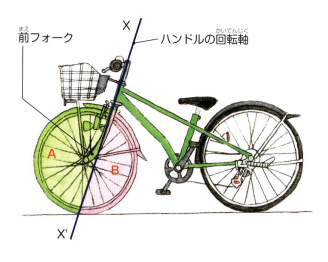

回転軸X—X'でわけた前輪

自転車が左にかたむいたときのハンドルのふれかた
② 前輪が左に首をふる
① 自転車が左にかたむく

Aの部分の重さによる「力のモーメント」のほうが、Bの部分の重さによる力のモーメントの大きさよりも大きいので、前輪は、自転車がかたむいた側に首をふる。
この自転車の前輪の首ふりは、回転軸の前後の重さの差によって生まれるので、「前輪の重量効果」とよばれる。

遠心力のはたらきと自転車

　ものが回転するとき、そのものには中心から外側に向かってひっぱる力がはたらく。この力は「遠心力」とよばれる。

　たとえば、遊園地の回転ブランコが回転をはじめると、ブランコは遠心力によってじょじょに外側にひっぱられていく。このとき、乗っている人は、浮かびながら外側にひかれる力を感じる。

　回転が速くなるにつれて、ブランコはさらに外側にかたむいていく。回転が速くなるほど遠心力が大きくなって、外向きに強くひっぱられるからだ。

■ カーブをまわる自転車がたおれないのは……

　自転車に乗ってカーブをまがるとき、内側にすこし体をかたむけると、たおれないでうまくカーブをまがることができる。そのわけを考えてみよう。

　車輪が地面と接する点を支点とすると、乗っている人と自転車の重さ（重力＝赤い矢印）はカーブの内側にかかり、自転車をたおそうとする。

　自転車はこのとき、カーブの半径の大きさで円を描く運動をしている。回転ブランコと同じように、そこには遠心力（青い矢印）によって外側にひかれる力がはたらいている。遠心力は、自転車を起こそうとする力になる。

　たおそうとする力のモーメント（オレンジ色の矢印）と起こそうとする力のモーメント（紺色の矢印）がうち消しあうので、自転車はかたむいたまま、たおれずにカーブをまがっていくことができる。

　自転車は、円運動をすることで、外に向けての遠心力をはたらかせる。もし、円運動のスピードがおそくなると遠心力が小さくなってしまうので、そのまま進み続けることはできないでたおれてしまう。

● 自転車にはたらく遠心力

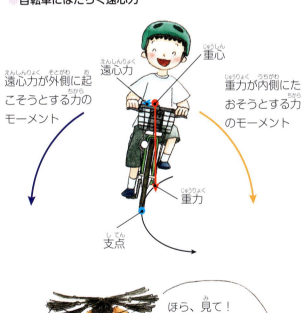

ほら、見て！くるくるまわると、ぼうしのフサが遠心力で浮きあがるよ！

自転車の構造Ⅱ

バランスと遠心力

　自転車に乗って走っているとき、全体が右にかたむいたらハンドルも右にまわり、左にかたむいたらハンドルは左にまわる。そのようすを正面から見ると、ちょうどカーブをまわるときのような姿勢になっていることがわかる。このとき、ほんのちょっぴりだけど遠心力がはたらいて、自転車をかたむいたほうとは反対向きに起こそうとする。遠心力は、ちょっとしたところにもはたらいて、自転車が安定して走るのを助けている。▶38ページ

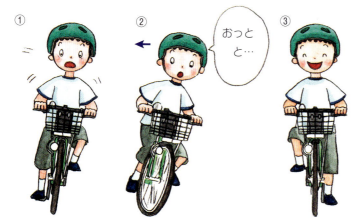

自転車がたおれかかる（①）と、ハンドルはかたむいたほうにまわり、前輪が同じ方向にかたむく（②）。このとき、自転車にはほんのわずかな遠心力がはたらいて（紺色の矢印）、全体を起こそうとする。自転車をまっすぐにもどすために必要な力は、遠心力のぶんだけ少なくてすむ計算だ。すこしの力を反対方向にくわえるだけで、もとの姿勢にもどることができた（③）。

遠心力は「見かけの力」

　自転車には、乗る人と自転車をあわせた重さ（重力）と、それと反対方向に地面が車輪を押す力がはたらいている。自転車がかたむいてカーブしながら進むとき、このふたつの力をあわせると、カーブを円周の一部とする円の中心に向かう力になる（①）。力は、自転車が進む方向に直角に向いているので、スピードをあげたりさげたりするはたらきはなく、ただ進む方向を、円の中心と結ぶ線と直角になるように向かせる。遠心力はこれと反対向きにはたらく力で、両方の力はうち消しあってつりあう（安定して円運動を続ける＝②）。

　ものとものとのあいだにはたらく力とはちがって、遠心力は、円運動をしているときに「運動しているもの」が感じる力で、ほかの場面では現れない。このため、この力は「見かけの力」とよばれている。

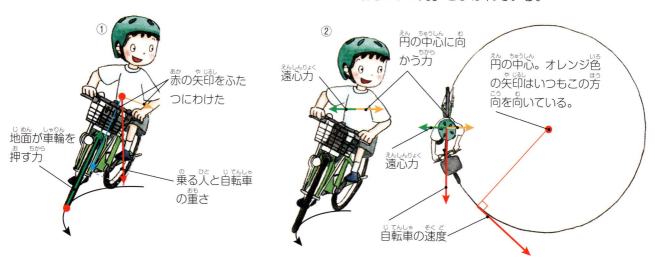

ずれた進行方向をもとにもどす

　ちょっと見ただけではちがったもののように感じるが、自転車の前輪は、ピアノや台車などに使われているキャスターと同じ構造をしている。両方とも、車輪が地面についている点（接地点）が、車輪の向きを変える回転軸と地面とが交わる点よりもうしろにあるのだ。この構造によって、前輪の向きが進行方向からずれても自動的に正面にもどす力がはたらく。

■ 自転車の前輪　　　　　　　　　　　キャスター

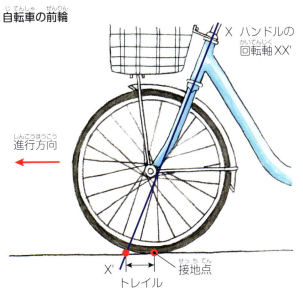
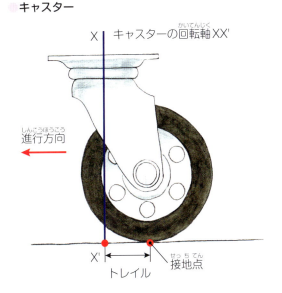

接地点と回転軸が地面と交わる点の間隔をトレイルという。トレイルの長さが長くなると、安定してまっすぐ走れるようになる。手ばなし運転でもまっすぐに走れるのは、このためだ。

■ 前輪が正面を向くわけ

　どのようにして車輪の向きを正面にもどすのだろうか。自転車に乗っているところを上から見た図（右）で説明しよう。
　自転車やキャスターの車輪の位置が進行方向からずれていると、接地点では、進行方向とは反対向きにまさつ力（赤の矢印）がはたらく。
　このまさつ力は、前輪に沿った方向と、前輪に直角な方向のふたつの力にわけられる（黄色の矢印）。自転車がそのまま前に進むと、「前輪に直角な力」と「接地点からXX'軸までの距離」をかけた大きさをもつ力のモーメントによって、前輪を回転軸XX'のまわりに回転させて（緑の矢印）、前輪の向きを進行方向になおしてくれる。

車輪が地面に接する点のところで地面から受ける力によって、車輪の向きが進行方向に向く。これによって、自転車はまっすぐに進むことができる。

疲れずに乗り続けられる不思議

歩くことや走ることにくらべると、自転車に乗って遠くまで走っても疲れは少ない。自転車には乗る人が疲れないようにくふうされた部品が使われ、人の体にあうように設計されている。

走りながら休む

自転車は、ペダルをまわすためにくわえた（こいだ）力をチェーンをとおして後輪に伝えて前に進んでいく。ただし、ずっとこぎ続ける必要はない。足を休ませるしくみ（フリー・ホイール）がそなわっているからだ。

一般の自転車の後輪の歯車の内側には、爪をかけるためのくぼみ（ラチェット）がついていて、チェーンと後輪とのあいだの力の伝達をオン・オフする役目をはたしている。ラチェットは、チェーンが前向きに回転しているときにだけはたらき、ペダルをこぐのをやめると爪はラチェットをはなれ、後輪はチェーンの動きから独立して動くようになる。一度走りだすと、後輪は「慣性」によって前に進み続ける。乗っている人は、スピードが落ちてくるまでのあいだ、足を休めることができる。▶フリー・ホイールについては、55ページでも紹介

外からは見えないが、歯車の内側にはラチェットがとりつけられている

● ラチェットのしくみ

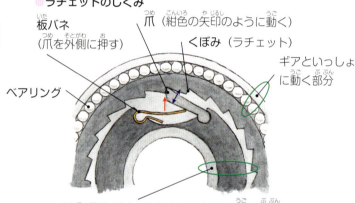

ペダルを前にまわすと、ハブ軸についている爪がラチェットにかかり、歯車の回転をハブ軸に伝える。

● ラチェットのはたらき ※赤い矢印は歯車の回転の向き、紺色の矢印はハブ軸（車輪）の回転の向きを表す

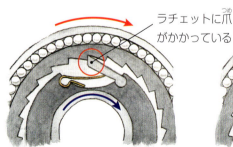

チェーンを前に回転させた
チェーンを前に回転させると、歯車が前に回転する。このとき爪がラチェットにかかるので、ハブ軸もいっしょに回転する。

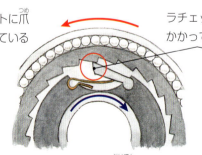

チェーンをうしろに回転させた
チェーンをうしろに回転させると、歯車はうしろに回転する。このばあいは爪がラチェットにかからないので、ハブ軸はからまわりする。

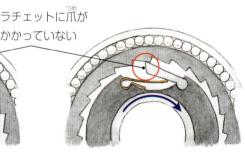

ペダルをこぐのをやめた
ペダルをこぐのをやめると、チェーンや歯車の回転がとまる。爪はラチェットにかからないので、ハブ軸はからまわりする。

ボールベアリングで、回転運動をスムーズに

自転車は、さまざまなところで回転運動をしている（図の○でかこんだ部分）。これらの回転軸にはボールベアリングが使われており、スムーズな回転を助けるはたらきをしている。

自転車で回転運動がおこなわれているところ

ボールベアリングの構造

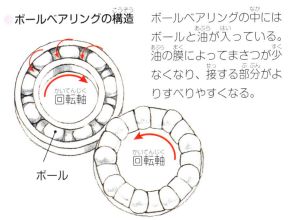

ボールベアリングの中にはボールと油が入っている。油の膜によってまさつが少なくなり、接する部分がよりすべりやすくなる。

真ん中の穴に、回転軸を通す。回転軸が回転すると、軸にふれている各ボールもいっしょに回転するため、軸はなめらかにまわる。

衝撃をやわらげる、タイヤとチューブ

自転車のタイヤは、厚くてかたい材質のゴムでつくられ、内部には、やわらかいゴム製のチューブ（空気をためておく部分）が入っている。空気入りのゴム製タイヤは弾力性があって、でこぼこ道や石の上にタイヤが乗ったとき、段差があるところなどでは、自らが変形することでショックをやわらげ、乗り心地をよくしている。

タイヤの構造

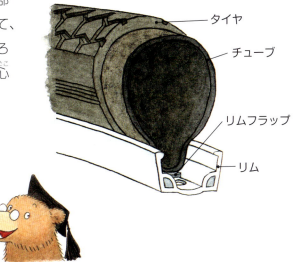

空気入りのゴムタイヤは、1800年代の終わりに、スコットランドの獣医師ダンロップが、ゴムホースやフットボールなどをヒントに発明したといわれている。ゴムには、力をくわえるとのびたり縮んだりする性質があり、くわえた力をのぞくと、もとのかたちにもどる。くわえた力をのぞくともとにもどるこのような変化を、「弾性変形」という。

車輪に使われているチューブとタイヤの性質と役割

名前	材質	ゴムの性質	役割
チューブ（中側）	薄いゴム	やわらかくてのび縮みしやすい	空気をとじこめ、路面からの衝撃を吸収する
タイヤ（外側）	厚いゴム	かたくてのび縮みしにくい	薄くて傷つきやすいチューブを守る

タイヤの空気圧

地球上で、地表から上空へと積み重なった空気が地面を押す力（大気圧）は、1気圧（約100kPa）になる。

自転車のばあい、シティサイクルでは、タイヤ内の気圧を外側の気圧の3倍にあたる3気圧にするのが一般的だ。このとき、チューブは、外側から1気圧（約100kPa）、内側からは3気圧（約300kPa）で押される。かたいゴムタイヤでおおわれているチューブは、内部からの圧力によってわずかにふくらんでいる。

▶18ページ

■人が乗ると……

自転車に人が乗ると、全体の重さは自転車だけのときよりも重くなり、タイヤと地面が押しあう力が大きくなる。そして、タイヤの地面に接する部分は、人が乗っていないときにくらべるとわずかにつぶれ、タイヤと地面が接する面積（接地面積）がふえることになる。

タイヤと地面が押しあう力がふえても、同時に接地面積もふえるので、力は分散され、タイヤの内側の3気圧とつりあうことになる。

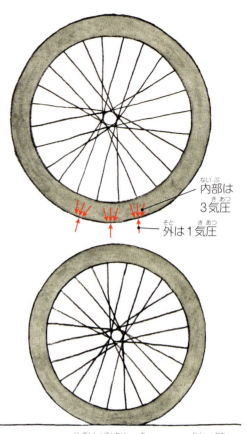

内部は3気圧
外は1気圧

タイヤには自転車本体や乗っている人の重さがかかるので、地面に接する部分がつぶれて接地面積が大きくなる。

バルブ──逆流防止のしくみ

バルブというのは、チューブに空気を入れる部分の弁のこと。虫ゴムを使って、チューブに入った空気が外に逆流しないようにくふうされている。

●バルブの構造

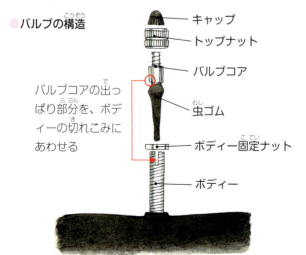

バルブコアの出っぱり部分を、ボディーの切れこみにあわせる

キャップ
トップナット
バルブコア
虫ゴム
ボディー固定ナット
ボディー

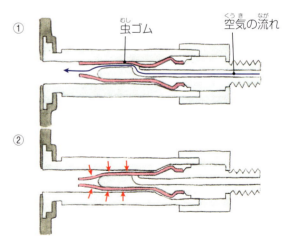

虫ゴム　空気の流れ

①空気入れで押された空気は、外に出ようと、圧力で虫ゴムを押してバルブの外側とのあいだにすきまをつくり、そこからチューブ内に入る。
②虫ゴムは、チューブ内の空気の圧力によってバルブに押しつけられるので、いったん中に入った空気は逆流しない。

自転車のかたちと快適な乗り心地

　自転車の種類によっては、ハンドルやサドルのかたち、高さが、一般に広く使われているものとは大きくちがっているものがある。これは、乗るときの姿勢のちがいなどによって、体をささえる場所やそこで受ける力の大きさが変わってくるためだ。それぞれいちばん快適に乗れるよう、くふうがこらされている。

　ふつうのシティサイクルと、サイクリング車のかたちをくらべてみよう。

■シティサイクル

　直立に近い乗車姿勢をとるため、自然な姿勢でハンドルをにぎれるように、サドルよりも15～20センチくらい高い位置にハンドルがついている。

シティサイクルに乗るときは、サドルにどっかりと腰をおろし、背筋をまっすぐにのばしてペダルをふむ。上半身の重さは、ほとんどが腰にかかる。

■サイクリング車

　長距離を走ったり、スピードをだすための自転車は、ハンドルが下にまがっているドロップハンドルを使う。ハンドルの高さはサドルの高さと同じかやや低いところにあり、にぎる位置によって姿勢を変えられる。風の抵抗をふせいだり、体の疲労がかたよってしまうのをさけることができる。

上ハンドル
体を起こす

下ハンドル
体を前にたおす

サイクリング車のばあいは、空気抵抗をへらすために前傾姿勢（体を前にたおした姿勢）をとるため、上半身の重さを腕と腰とに分散することになる。立ちこぎをするときには、重さは足と腕に分散される。

快適な乗り心地を提供するサドル

自転車にかかる重さ（乗る人の体重）は、自転車と体がふれあう3点（サドル、ハンドル、ペダル）でささえる。なかでもサドルは、重さの大部分をささえるので、かたちや材質が乗り心地に大きく影響する。

■ サドルのかたちのちがい

● シティサイクルのサドル
シティサイクルでは、人の上半身の重さがほとんどサドルにかかる。この重さが分散して、お尻の負担が少なくなるように、幅が広くてクッションの入ったサドルが使われる。

● サイクリング車のサドル
サイクリング車では、体重が腕や足にも分散されるので、大きなサドルは必要ない。むしろ、ペダルをこぐのにじゃまにならないよう、サドルの幅はせまくなっている。また、サドルにクッションを入れることはあまりない。

■ サドルの調整

サドルの高さと前後の位置をうまく調整すると、よけいな力をくわえなくても無理なくペダルをこげるようになる。

● サドルの高さを調整する

片方のペダルをいちばん下にさげてサドルにまたがり、かかとをのせたときに膝が軽くまがるように調整する。サドルの高さがこれより高いと、ペダルが下にきたときに足がとどかないし、低いと、ペダルをこぐときに足がきゅうくつになる。自転車に乗りなれていない人は、安全のために両足が地面につく高さにしておくといい。

● サドルの位置を調整する

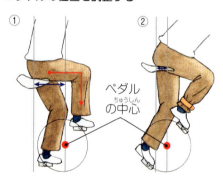

シティサイクルは、サドルの中央とペダルの中心とのあいだを長く、サイクリング車は逆に短く調整する。

シティサイクル（①）のばあいは、ペダルを真上から45度にかたむけたとき、ひざ関節の真下にペダルの中心がくるように調節する（赤の矢印）。サドルの位置をこれより前にすると、ペダルをまわすときに下に押しにくく、うしろにすると、ペダルをまわしにくい。前傾姿勢をとるサイクリング車（②）は、前側にも体重の一部をかけるため、サドルの位置をシティサイクルより前に調整する。

● サドルの構造と調整する場所

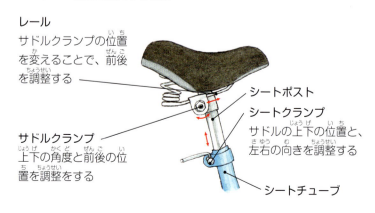

レール
サドルクランプの位置を変えることで、前後を調整する

シートポスト

シートクランプ
サドルの上下の位置と、左右の向きを調整する

サドルクランプ
上下の角度と前後の位置を調整をする

シートチューブ

「サドル」というのは、もともとは乗馬の鞍をあらわすことばだ。初期の自転車が馬のようなかたちをしていたので、こうよばれるようになったのかもしれない。

第5章

自転車の運動とエネルギー

自転車にかぎらず、ものが「運動」をはじめるためには、そこに力がくわえられなければならない。その力をだし続けて、「動かす」という「仕事」をする。そのもとになるのが、エネルギーだ。ここでは、エネルギーと運動との関係を、いろんな角度から見ていくことにしよう。また、運動をじゃまする力（抵抗）についても、くわしく紹介する。

自転車のスピードをあげる

自転車が同じスピードで走り続けるとき、走った距離と時間とは正比例の関係になって、同じ割合でふえていく。同じ大きさの力でペダルをこぎ続けると、スピードはどんどんあがっていく。

自転車が同じスピードで走る

下の3つの図は、自転車が同じスピードで走っているときのようすをあらわしたものだ。①は、自転車が走っているのを横から見たもので、1秒間に2メートルずつ進んでいることがわかる。②は、走った距離を横軸、時間を縦軸にしてグラフにしたもの。グラフの線は一直線になる。③は1秒間に進んだ距離をしめしたグラフで、棒の長さがスピードをあらわしている。自転車は同じ速さで走っているので、棒の長さは全部同じになる。このように同じ速さで走り続けることを、等速（等しい速さ）走行という。

①自転車が同じ速度で走り続ける

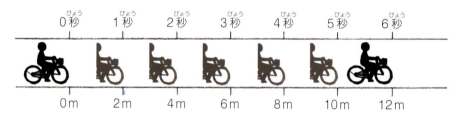

②走った時間と距離の関係　　③1秒間に走る距離の変化

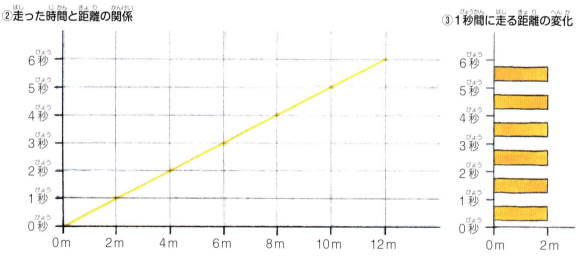

▼秒速・分速・時速

「秒速」というのは、ものがどのくらいの速さで移動しているかを、1秒あたりに移動する距離で説明する用語だ。上の図では、自転車は1秒間に2メートルの等速走行をしている。これは「2m/秒」または「2m/s」と書いて、「毎秒2メートル」とか「2メートル毎秒」と読む（sは、英語の「秒（second）」の頭文字）。1分間に移動する距離を説明するときは「分速」、1時間に移動する距離を説明するときは「時速」という用語を使う。

30kmはなれたところまで2時間で走ったとき、1時間あたりに走った距離は、次の式で計算する。

30〔km〕÷2〔時間〕

つまり、時速15km（15km/h）ということだね。

※hは、英語の「時間（hour）」の頭文字

速さをふやす

第2章の「ニュートンの運動の法則」(▶33ページ)のところで見たように、とまっているものを動かすためには、力が必要だ。

自転車のサドルに腰をかけて片方の足をペダルの上におき、もう一方の足で地面を軽くけって力をくわえると、とまっていた自転車が動きだす。動きだした自転車は、ペダルをふむと走り続ける。ペダルをふみ続けていると、自転車のスピードはどんどん速くなる。力は、速さをふやす役目ももっている。

■同じ大きさの力でペダルをこぎ続けると

自転車をこぎ続けるというのは、自転車に力をくわえ続けるということだ。下の絵は、動きはじめからずっと同じ強さの力をくわえ続けた(同じ強さでペダルをこぎ続けた)ときの、自転車が進むようすをしめしている。1秒後より2秒後、2秒後より3秒後……と、時間がたつにつれて1秒間に進む距離はどんどんふえていく。

スタート　1秒後　　2秒後　　　3秒後　　　　4秒後

■力の大きさを変えてみる

自転車にくわえる力を半分にしたとき、2倍にしたとき、自転車が進む距離はどうなるだろう。力と1秒間に進む距離の関係を表にしてみた。くわえる力の大きさによって、1秒間に進む距離が変わる。くわえる力が小さいとなかなか速くならないが、力が大きいとどんどん速くなることが、表からわかる。

時間	1秒間に進む距離		
	半分の力のとき	1の力のとき	2倍の力のとき
0〜1秒	0.125m	0.25m	0.5m
1〜2秒	0.375m	0.75m	1.5m
2〜3秒	0.625m	1.25m	2.5m
3〜4秒	0.875m	1.75m	3.5m

力の大きさがどのばあいでも、1秒間に進む距離は1：3：5：7の比で増加している。

速さがふえること――ニュートンの考え

　速さがふえる（スピードがあがる）ことを、「加速する」という。「速さのふえかた」は、すこしむずかしいことばでいいかえると「加速の割合」で、「加速度」とよばれる。

　ニュートンは、ものが落ちるときにも「万有引力の法則」（▶25ページ）が成り立ち、地球がものをひっぱり続けるから、スピードがどんどんあがっていくのだと考えた。そして、スピードのふえかたに注目して、ものにはたらく重力と、ものの質量とスピードのふえかたの関係を数式であらわそうと考えた。

　万有引力の法則を地球と地上にあるものの関係にあてはめると、地球がものをひっぱる力（重力）は、重い（質量が大きい）ものほど大きく、地球の中心から遠くなるほど小さくなる。地球を完全な球だと考えて、地上にあるものはすべて地球の中心から同じ距離にあるとすれば、万有引力の法則によって、地上での重力は質量が大きいものほど大きくなる。

　85ページの自転車のように、水平に同じ大きさの力をくわえ続けると、速さのふえかた（すなわち加速度）は同じ大きさになる。自転車を同じ力でこぐと、重いものほどスピードがあがらない。それは、加速度が小さいということだ。これをニュートンは、

　　加速度＝力／質量

という式であらわした。ものが落ちる運動にあてはめると、

　　重力による加速度＝重力／質量

となる。重力は質量に比例するので、ものを落とすと、重いものでも軽いものでも同じ速さのふえかた（加速度）で落ちていくことがわかる。

力の大きさは、「ニュートン（N）」という単位で表す。1Nは、「1kgのものにはたらいて、毎秒、1メートル毎秒（1m/s）ずつ速くなる力の大きさ」と決められている。地上でものが落ちるときには、1秒間に約10m/s（正確には9.8m/s）ずつスピードがあがっていくので、1kgのものにはたらく重力を計算すると、つぎのようになる。
　　1〔kg〕×9.8〔m/s²〕＝9.8〔N〕→約10N
※式の中の「m/s²」は加速度の大きさをあらわす単位で、「メートル毎秒毎秒」と読む。

立ちこぎとけんけんのり

　自転車のスピードは、ペダルをこぐ力で調整する。大きな力でペダルをこげば自転車の加速度は大きくなるし、力をゆるめれば加速度は落ちていく。

　うんとスピードをだしたいときは、立ちこぎをする。サドルから腰をあげ、上にきたほうのペダルに体重をかけて、強くふみこむ。体の重さ（重力）を利用して、より強い力でペダルを押すわけだ。

　「けんけんのり」という乗りかたがある。片足をペダルの上におき、もう一方の足で地面をしっかりけってスピードをあげてから自転車に乗るやりかただ。体の重力でペダルを強く押すだけでなく、地面を強くけることで、自転車に大きな力をくわえることができる。

※「けんけんのり」は、ペダルをこぎはじめるまで自転車がふらつきやすい。危険なので、ふつうの道路ではしないこと！

仕事と運動エネルギー

科学でいう「仕事」とは、力をだし続けてものを力の方向に動かすこと。「運動エネルギー」とは、動いているものがもっているエネルギーのことだ。

「仕事」をすると運動エネルギーになる

下の絵は、健太の弟が自転車に乗る練習をしているところだ。お父さんに背中を押してもらって、自転車はいきおいよく走りだした。

科学では、「力でものを押し続けて、押した方向にものを動かすこと」を「仕事」とよんでいる。お父さんは、力をだして自転車を押し続けて前に進ませたので、仕事をしたことになる。そして、自転車が走りだしたのは、お父さんがした仕事が運動エネルギーになったからだ。

運動エネルギーは、動いているものが重いほど、また動くスピードが大きいほど大きくなる。たとえば、スピードをだして走っている自動車が壁などにぶつかると、自転車でぶつかったときよりも大きな事故になる。自転車よりも自動車のほうがはるかに重くて、よりスピードが速いからだ。また、運動エネルギーは、動いているものだけがもっている。走りだすと大きな運動エネルギーをもつ自動車も、とまっているときの運動エネルギーは0になる。

仕事と運動エネルギーの単位

左ページのコラムで紹介したように、力の単位はニュートン（N）で、約0.1キログラム（約100グラム）の重さのものが地面を押す力に相当する。

仕事の量（運動エネルギー）は、使った力に動かした距離をかけて計算し、「ジュール（J）」という単位であらわす。1ジュールは、「ものを、1ニュートンの力で力の方向に1メートル動かす仕事」と規定されている。

たとえば、あるものを10ニュートンの力で2メートル動かしたばあい、そこで生まれた運動エネルギーは、つぎの式でもとめることができる。

10〔N〕× 2〔m〕＝ 20〔J〕

自動車を500Nの力で5m押し続けたら、自動車はだんだん速くなった。このときの仕事の量は、
500〔N〕× 5〔m〕＝ 2500〔J〕
ということになる。

■動いているものがもつ運動エネルギー

投げたボールが飛んでいるとき、ボールは運動エネルギーをもっている。

飛びこみの選手は、水面に近づくにつれて運動エネルギーがふえる。

川を流れる水も、運動エネルギーをもっている。

■回転するものがもつ運動エネルギー

自転車をもちあげて、前輪を手で思い切りまわすと、車輪は5分ちかくもまわり続けた。このとき車輪がもっているのは「回転エネルギー」といい、運動エネルギーのひとつだ。

車輪を速くまわすほど、車輪がもつエネルギーは大きくなる。重くてまわすときに大きな力が必要な車輪は、まわりだすと軽い車輪よりも大きなエネルギーをもつ。

いくよ
せーのっ…！

自転車は、前に進もうとする運動エネルギーと、車輪がまわる回転エネルギーという2種類の運動エネルギーをもっているということだね。ただし、自転車の車輪は軽いから、回転エネルギーは前に進もうとする運動エネルギーにくらべるとずっと小さい。

力をつくりだして仕事をするエネルギー

そもそも、エネルギーというのは「仕事をする能力」のことだ。電車は電気のエネルギーで力をつくりだし、自動車や飛行機はガソリンで力をつくりだす。ガソリンや電気はエネルギーで、これが力をだし続けて、「走る」「飛ぶ」という仕事をする。

自転車は、人の力を使って動かす。人が力を生みだすもとになるのは食べものだ。人は、さまざまな食べものを体の中で分解して栄養素として吸収し、これをエネルギーにする。

ぼくらは、食べものがエネルギーになるんだよ。

運動エネルギーの大きさを調べてみた

いろいろな乗りものが進むときにもつ運動エネルギーを調べてみた。動いている高速列車や飛行機は、自転車とはくらべものにならないくらい大きな運動エネルギーをもっていることがわかった。

平均的な自家用車の重さは、1.5トン（1500kg）くらいだ。休みの日にお父さんの運転で高速道路を走ったら、時速90kmのスピードがでた。計算してみると、自家用車がそのときにもった運動エネルギーは、47万Jになった。

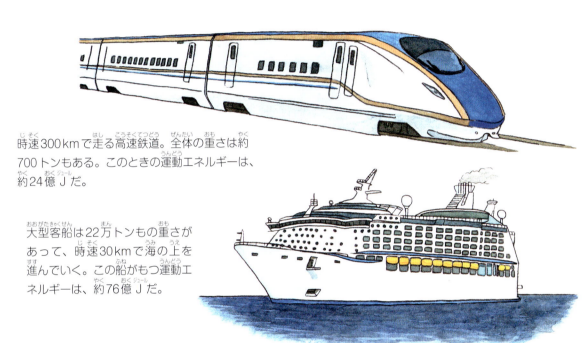

時速300kmで走る高速鉄道。全体の重さは約700トンもある。このときの運動エネルギーは、約24億Jだ。

大型客船は22万トンもの重さがあって、時速30kmで海の上を進んでいく。この船がもつ運動エネルギーは、約76億Jだ。

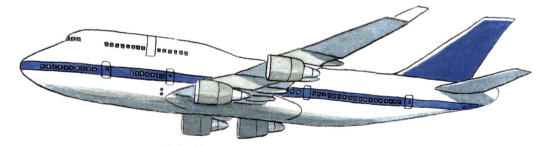

大型ジェット機は280トンあって、高度1万メートルの空を時速約1000kmで飛ぶ。運動エネルギーは、110億Jになる。

ちなみに、子どもが自転車に乗っているときの運動エネルギーは、重さ50kg（自転車と子どもの合計）で時速15kmのとき、430Jになる。

自転車の運動とエネルギー

ブレーキとまさつ、熱

走っている自転車をとめるときには、ブレーキをかける。自転車がとまるときには「まさつ」の力を利用する。このとき、自転車がもっていた運動エネルギーは、べつのエネルギーに「変身」する。

まさつの力を利用する

まさつは、前に進もうとする方向とは反対向きにはたらいて、これをとめようとする力だ。自転車に乗っているとき、タイヤと地面のあいだでは、いつもまさつが起きている。ペダルをこぐと、タイヤと地面とのあいだのまさつでタイヤが地面をうしろに押す。このとき、地面からは、反対にタイヤを前に押しだそうとする力がはたらく。この押しだそうとする力が、自転車を前に進ませる。

ブレーキレバーを押さえると、前輪ではリムに押しつけられたブレーキシューが、後輪ではドラムの周囲にとりつけられたバンドが、それぞれ車輪の回転をとめようとするので、自転車の進むスピードはおそくなる。このとき、タイヤは地面を前に押し、地面からうしろに押し返されるので、自転車はとまることになる。

走っている人が短い時間でとまろうとするときには、地面に足を強く押しつけて、足の裏と地面とのあいだに生まれるまさつを利用する。

ブレーキによる速さの変化

下の絵は、毎秒2メートルの速さで走ってきた自転車にブレーキをかけてとまるようすをしめしている。ここでは、ブレーキをかけてから自転車がとまるまで、2秒かかった。1秒間に、1メートル毎秒（1m/s）ずつスピードが落ちてきた計算だ。ブレーキレバーをにぎる力が弱いとスピードが落ちるまでに時間がかかるため、とまるまでの距離は長くなる。反対に、ブレーキを一気に強くにぎりしめると車輪は急停車するので、とまるまでの距離は短くなる。

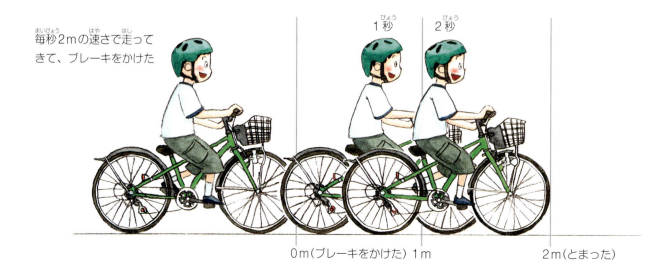

毎秒2mの速さで走ってきて、ブレーキをかけた

0m（ブレーキをかけた）　1m　2m（とまった）

急ブレーキに注意！

　急ブレーキをかけた自動車がうまくとまれないで、事故につながることがある。ブレーキが作用して車輪の回転はとまっても、車輪自体は慣性によって前に進み続けようとしてスリップしてしまうことが原因だ。

　このとき、スリップした自動車のタイヤはまさつによる熱で表面がとけ、地面にはタイヤがすべったあとがのこる。自転車でも、スピードをあげた状態で後輪のブレーキを強くかけると、同じようにスリップする。

地面が凍ってつるつるになっていたり、タイヤのみぞがあさくなっていると、タイヤが受けるまさつの力が弱くなるので、スリップしやすい。

ブレーキをかけると、ブレーキシューやリムが温かくなる。自転車の運動エネルギーは、まさつで熱に変わったのだ。

まさつの熱で火をつける

　むかしの人は、火を起こすときにまさつ熱を利用した。とがった木の棒を板のくぼみに押しつけて、こすったり、くるくるとキリのようにまわすと、先端が熱くなり、やがて煙がでてきて、火がつく。人がした仕事が、熱に変わったのだ。

熱もエネルギー

　水を入れたやかんを火にかけると、水はやがて沸騰して水蒸気になる。やかんのふたは、水蒸気の力でもちあげられて、カタカタと音をだす。

　水（水蒸気）がやかんのふたをもちあげたということは、そこで「仕事」をしたということ。水に仕事をさせた熱は、エネルギーのひとつということになる。

　水蒸気の力は、蒸気機関車のピストンを押したり、火力発電所の蒸気タービンをまわす仕事に利用されるようになった。

あらかじめ、くぼみをつくっておく

まさつ熱で火が起こる

木の粉をためる切りこみ

舞ぎり式火起こし
手にもった木を上下すると、真ん中の木の棒がまわるしくみだ。

5　自転車の運動とエネルギー

カロリーからジュールへ──熱エネルギーの単位

熱エネルギーの単位には、以前は「カロリー（cal）」が使われていた。「1グラム（1g）の水の温度を1度（1℃）あげるために必要な熱エネルギーの量」を1カロリー（1cal）といい、その1000倍にあたる1キログラム（1kg）の水の温度を1度あげるための熱エネルギー量を1キロカロリー（1kcal）という。氷を溶かしたばかり

ジュールの実験

ものを「こする」という仕事をすると、ものの温度があがる。イギリス人のジェームズ・プレスコット・ジュールは、仕事によってえられる熱のことを実験で調べた。

ジュールは1818年、イングランド北部の工業都市マンチェスターに近い町で生まれた。このころのイギリスには世界でもっとも進んだ工場がたくさんあって、なかでもマンチェスターは、蒸気機関で織機を動かして布をつくる産業の中心都市として活気にあふれていた。

ジュールは、正規の学校にはいかず、独学しながら、有名な化学者ドルトンに教えてもらい、また町の科学者スタージョンと知りあって、最新の科学の勉強をした。

おじいさんは、お酒をつくる事業で成功し、お金持ちだった。ジュールは、自分の家に実験室をつくって、研究をはじめた。

27歳のとき、ジュールは下の図のような実験装置をつくった。

ジェームズ・プレスコット・ジュール
（1818−1889）

●ジュールがつくった実験装置

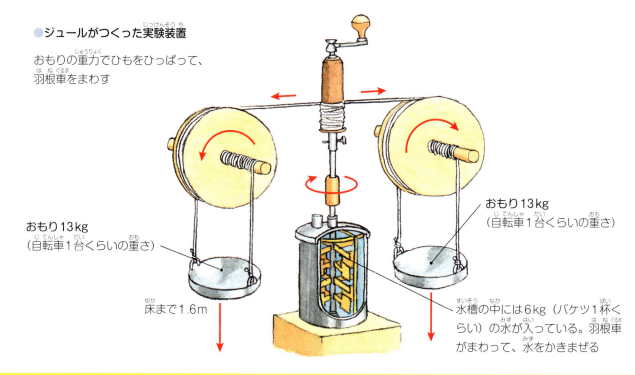

おもりの重力でひもをひっぱって、羽根車をまわす

おもり13kg
（自転車1台くらいの重さ）

床まで1.6m

おもり13kg
（自転車1台くらいの重さ）

水槽の中には6kg（バケツ1杯くらい）の水が入っている。羽根車がまわって、水をかきまぜる

の冷たい水（0℃）1キログラムをやかんに入れて沸騰（100℃）するまで熱くすると、およそ100キロカロリーの熱エネルギーを使う計算になる。

「カロリー」は、いまでも食べものがもっているエネルギーをあらわす単位として使われているが、科学で熱エネルギーをあらわすときには「ジュール（J）」という単位を使うようになっている。下のコラムで紹介したように、1グラムの水の温度を1度あげるために必要な熱エネルギーは、約4.2ジュールとなる。

中央に水を入れた水槽をおき、その中の羽根車がまわると、水槽の水はかきまぜられる。両側につるしたおもりで羽根車をまわして、水槽の水の温度がどれだけあがるかをはかった。

水槽の中の水は6キログラムで、バケツ1杯ぶんくらいの量だ。容器や羽根車を温めることも考えた。実験室内の温度が水槽に伝わらないように、室温と水槽の温度をほぼ同じにしたうえ、水槽から熱が外部に伝わらないようにもくふうした。両側につるしたおもりはそれぞれ13キログラムで、これは軽めの自転車1台ぶんの重さにあたる。おもりは床まで1.6メートルの高さにあった。

羽根車と糸巻きをつないでいるネジをはなし、糸巻きをまいて、おもりをもちあげる。そしてふたたび糸巻きと羽根車をつなぎ、おもりを落下させて羽根車をまわす。おもりが床にとどくと、そのたびに水槽の水の温度をはかった。

実験の結果をかんたんにまとめると、次のようになった。

「合計26キログラムのおもりを1.6メートルの高さからゆっくりさげる運動を20回くり返し、合計32メートルさげて、水をかきまわし続けた。その結果、水同士がまさつしあって、6リットルの水の温度が0.3度あがった」

ここから計算すると、1グラムの水を1度あげるためには約4.2ジュール（正確には、4.184ジュール）の仕事が必要だということがわかった。仕事をたくさんしても、それを熱にすると意外に小さい。ジュールは、32歳の1850年にこの結果を研究論文にまとめて、イギリスの雑誌に発表した。

約4.2ジュールが1カロリーになることがわかると、カロリーをジュールに換算してあらわすことができる。食べものを食べると、体の中で分解されていろいろな栄養素になり、吸収されて、力をだすもとになる。栄養素のもつエネルギーがいくらかが調べられて、熱量は何カロリーと表示される。ジュールで表示されることもある。

たとえば、ショートケーキひとつは320キロカロリーくらいだといわれている。これをジュールに換算すると、1344キロジュール（1344kJ）となる。ショートケーキひとつで4リットル（4kg）の水を20度（℃）から100度まであげることができる計算だ。

ショートケーキは、小さくてもたくさんのエネルギーをもっている。

坂道を自転車でくだる

自転車に乗っていて、ほんのすこしでもくだり坂にさしかかると、急に楽に感じられる。これは、自転車（乗っている人もふくめて）にはたらく下向きの力が、坂をくだる手助けをしてくれるからだ。

重力と抗力

■自転車にはたらく重力

第1章（▶24ページ）で見たように、地球上では、人も自転車も重力で地球の中心に向かってひっぱられている。この地球にひっぱられる力を「重力」とよび、地球上では1キログラム（1kg）のものに約10ニュートン（10N）の重力が、真下に向かってはたらいている。

それでは、自転車に乗っているとき、重力はどのようにはたらいているのだろうか。

①
水平な地面の上で自転車に乗っているとき、重力（赤の矢印）は真下に向いている。かたい地面がその重力をささえている。

②
くだり坂にある自転車は、重力は、前方に向いた力（紺色の矢印）と地面を垂直に押す力（緑の矢印）のふたつにわけられる。前方に向いた力が自転車を前に進める力になり、自転車はこがなくてもスピードをあげていく。両方の力の合計（赤の矢印）は、平地のときと同じだ。

③
坂道が急になるほど前方を向いた力（紺色の矢印）は大きくなり、自転車はスピードをあげてくだっていく。

■ものをささえる力：抗力

平らな場所では、スタンドなどを使って自転車をとめておくことができる。地球にひっぱられている自転車が地面を押すと、地面が反対向きに同じ大きさの力で押しかえすことによって自転車をささえている。この「地面がものをささえる力」を「抗力」という。部屋の中を見ると、机も椅子も机の上にある鉛筆も、力をくわえないかぎりその場所にずっととまっている。このとき、それぞれには同じ大きさで向きが反対の「重力」と「抗力」がはたらいていて、たがいにうち消しあっている。

自転車に乗っているときに、自転車が地面から受ける力も抗力だ。上の絵の①では、抗力は、真下（地球の中心）に向かってはたらく重力（赤い矢印）と反対向きに、同じ大きさではたらいている。くだり坂になると、重力は前方に向いた力と地面を垂直に押す力にわけられる（②）。このばあい、抗力は、地面を垂直に押す力（緑の矢印）と反対向きに、同じ大きさではたらく。坂が急になるほど前向きにはたらく力が大きくなり、自転車が地面を垂直に押す力も、それをささえる抗力も小さくなる（③）。

高さと位置エネルギー

　低いところにあった自転車を坂の上まであげるためには、力が必要だ。そして、坂の上の自転車は、下から上に運びあげるためにされた「仕事」のぶんだけエネルギーをためていることになる。それが自転車の「位置エネルギー」とよばれるものだ。
　位置エネルギーは、ものの「重さ」と、それがおかれている「高さ」によって変わる。重さが重いほど、高さが高いほど、ものは大きな位置エネルギーをもつことになる。

位置エネルギーと運動エネルギー

　ものがもっている位置エネルギーは、運動エネルギー（▶87ページ）と深く関係している。ふたつのエネルギーをたしあわせると、それがどこにあっても基本的に同じ大きさになるのだ。
　たとえば、坂の上でとまっている自転車は、位置エネルギーだけをもっている。自転車が坂道をくだりはじめると、位置エネルギーが運動エネルギーに変わり、自転車はスピードをあげていく。坂の中間地点では、位置エネルギーと運動エネルギーは半分ずつになり、坂のいちばん低いところでは、位置エネルギーはすべて運動エネルギーに変わって、自転車のスピードは最高になる。

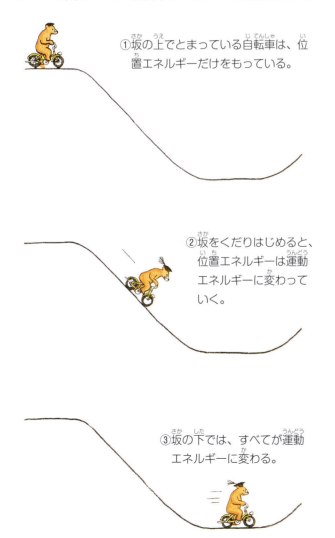

①坂の上でとまっている自転車は、位置エネルギーだけをもっている。

②坂をくだりはじめると、位置エネルギーは運動エネルギーに変わっていく。

③坂の下では、すべてが運動エネルギーに変わる。

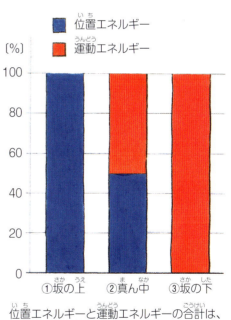

位置エネルギーと運動エネルギーの合計は、どこにいても同じになる。

坂のいちばん下にきたとき、自転車がもっている運動エネルギーはいちばん大きくなる。もしも、まさつや空気の抵抗がなければ、自転車はペダルをこがなくても最初にスタートした坂の上と同じ高さのところまでのぼり、そこですべてが位置エネルギーになる。

あそびながら位置エネルギーを感じてみよう

ブランコを使って、あそびながら位置エネルギーを感じてみよう。

最初に、だれかにうしろにひっぱってもらい、手をはなす。ブランコは、こがなくてもしばらく動き続ける。位置エネルギーがいちばん大きいところ、いちばん小さいところはどこかな。

このばあい、最初にひっぱってもらったいちばん高いところ（スタート）と、同じ高さにきたおり返しのところの位置エネルギーがいちばん大きい。いちばん小さいのは、ブランコをひっぱるまえにとまっていたところ（真下）ということになる。

ブランコが真下にきたときには位置エネルギーが運動エネルギーに変わって、運動エネルギーはいちばん大きくなり、いちばんスピードがでている。

● ブランコのエネルギーの変化

右の図の上のグラフ（①）は、位置エネルギー（紺色）と運動エネルギー（赤色）を重ねてしめしたものだ。
スタート地点では、位置エネルギーが最大で、運動エネルギーは0。真下では、位置エネルギーが0で運動エネルギーは最大になる。おり返し地点はスタート地点と同じで、位置エネルギーが最大で運動エネルギーが0だ。位置エネルギーの大きさは、ブランコの位置の変化と同じかたちになる。
下のグラフ（②）は、上のグラフの運動エネルギーを位置エネルギーにたしあわせるかたちでしめしたもの。上のグラフの赤い図形をさかさまにして紺色の図形に乗せたかたちになる。これは、両方のエネルギーの合計は、どんな場所にいるときでも変わらないことをしめしている。

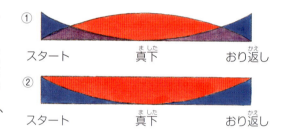

位置エネルギーと運動エネルギーをたしあわせた合計は、どこにいてもいつも同じになる。

※ここでは、ブランコが真下にきたときの高さを、位置エネルギーの大きさをはかる基準にしている。

熱エネルギーへの変化

実際には、坂道をくだる自転車やブランコで上下するときの位置エネルギーが、すべて運動エネルギーに変わるわけではない。

たとえば、自転車に乗ってブレーキをかけながらゆっくり坂道をくだるとき、位置エネルギーの大部分は、ブレーキをはたらかせることで生まれるまさつによって、熱エネルギーに変わっていく。ブレーキをかけないで坂道をくだるときも、ブランコに乗って上下しているときも、風の抵抗やまさつなどによって、運動エネルギーはすこしずつ熱エネルギーに変わっていく。

「エネルギー保存の法則」

ブランコをこぐときには、乗っている人が重心を上げたり下げたりして力をくわえ続ける。力をくわえるのをやめると、風の抵抗やロープをつないである部分に生まれるまさつの抵抗によって、運動エネルギーはどんどんへっていく。熱エネルギーに変わって、空中に散らばってしまうのだ。最終的には、運動エネルギーは0になり、位置エネルギーがいちばん小さいところ（ブランコの真下）でとまることになる。

しかし、そのものの運動エネルギーと位置エネルギー、さらに熱エネルギーになって空中に散らばったエネルギーをたしあわせたエネルギー全体の量は変わらない。これは、「エネルギー保存の法則」とよばれている。

位置エネルギーをじょうずに使う

重いものを高いところまでもちあげるためには、大きな力が必要だ。しかし、位置エネルギーをうまく使えば、大きな力を使わないでも重いものをもちあげることができるようになる。実際に使われているもので、そのしくみを紹介しよう。

ここに8人乗りのケーブルカーがある。車体の重さは約2トン（約2000kg）で、これに8人ぶんの体重（500kgぐらい）をくわえると、約2500キログラム。山の上までひきあげるのはたいへんだ。

じつは、ケーブルカーは、最上部にモーターをとりつけた滑車をおいて、ふたつの車体をケーブルの両端につないである。両方に8人ずつ乗っていれば、2台のケーブルカーの重力は同じ大きさで、つりあうことになる。そこにモーターを使って、上のケーブルカーにほんのすこし下に落ちる力を追加すれば、上のケーブルカーは、位置エネルギーとモーターの力を使って、下のケーブルカーをもちあげながらくだっていく。

この方法は、エレベーターでも使われている。エレベーターの中には人が乗り、外側にはそれと同じくらいの重さのおもりがついている。おもりが下がると、その位置エネルギーで反対側のエレベーターをもちあげる。上についたモーターは、小さい力をだすだけでいい。

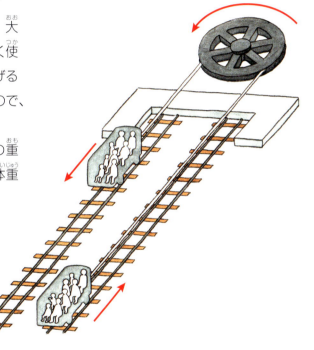

●ケーブルカーのしくみ
モーターがついた滑車の両端に、それぞれケーブルカーがつながれている。
上にあるケーブルカーは、下にさがると同時に、下側のケーブルカーをひきあげる仕事をする。
このとき、上にあったケーブルカーの減少した位置エネルギーは、ひきあげられたケーブルカーの位置エネルギーに変換されていく。
下におりるための力（位置エネルギー）がたりないときは、そのぶんだけを滑車にとりつけたモーターでおぎなう。

坂道を自転車でのぼる

坂道をのぼっていくのはたいへんだ。スピードをだしたまま一気にのぼりきってしまおうとすると、そうとうな力が必要になる。でも、時間をかけてゆっくりのぼれば、小さい力でものぼりきることができる。

おりるときとは反対に、坂をのぼっていくときには大きな力が必要になる。人が乗っている自転車の重力（赤の矢印）をふたつの成分にわけるとわかるが、坂道で後方に向く力（緑の矢印）が自転車をうしろにひく力になるからだ。

のぼり続けるためには、自転車をうしろにひく力よりも大きい力（紺色の矢印）をペダルにくわえなければならない。

丘の上まで自転車でのぼる

丘にのぼる2本の道がある。ひとつは、距離は短いけれど急な坂で、もうひとつは、ゆるやかだけど距離が長い坂。自転車に乗って丘の頂上までのぼるとき、どちらの道を通れば、仕事の量が少なくてすむだろう？

答えは、「どちらも同じ」だ。急な坂道では、大きな力が必要だが進む距離は短い。ゆるやかな坂道は、一度にだす力は少なくてすむが、進む距離は長くなる。どっちの道を通っても同じ高さの頂上に立つわけだから、仕事の量は変わらず、最終的な位置エネルギーは同じになる。▶60ページ

速くのぼる？　ゆっくりのぼる？

では、高さ3メートルの坂を、スピードをあげてのぼるのと、ゆっくりのぼるのとでは、どっちが仕事の量が小さいかな？

この答えも、「どちらも同じ」だね。1秒間に0.1mしかのぼらなければ、3mのぼるのに30秒かかる。1秒に0.5mのぼれば6秒で坂の上に着き、かかる時間は5分の1ですむ。でも、ゆっくりのぼっても速くのぼっても、「3mのぼる」という仕事の量は変わらない。

重い自転車と軽い自転車

健太と自転車をあわせた重さ（重力）は、約50キログラム。妹と荷物をのせたお母さんの自転車の重さは、全部で約100キログラム。約2倍の重さだ。重さが2倍になると、坂道をのぼる力はどのくらいよけいに必要になるだろう。

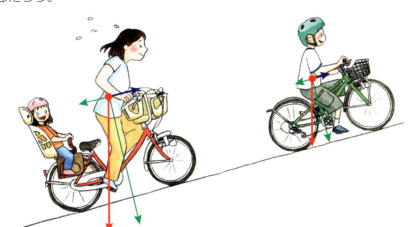

坂道をのぼる方向のふたつの力をくらべると、お母さんには2倍の力が必要になる。お母さんが健太の2倍の力をだしながら坂をのぼり、健太の自転車と同じ高さまでいったとすると、お母さんがした仕事は、健太の2倍だ。お母さんの自転車の位置エネルギーも、健太の自転車の2倍になる。

仕事率

仕事率というのは、1秒間にどれだけの仕事をしたかを数字で表したもので、

仕事率＝仕事÷かかった時間

という式であらわせる。単位は「ワット（W）」だ。

※1Wは、毎秒1Jの仕事（1Nで1m押し続けたときの仕事）にあたる。

仕事率を実際の動きにあてはめてみよう。健太が自転車に乗って高さ3メートルの坂をのぼったとする。自転車と健太の体重をあわせると46.4キログラム。1キロのものには約10ニュートン（N）の重力がはたらいているから、自転車にかかる重力は約464ニュートンだ。3メートルの坂の上までのぼるときの仕事は、464〔N〕×3〔m〕で、約1392〔J〕になる。

坂の上まで30秒かけてのぼったとすると、仕事率は1392〔J〕÷30〔秒〕で約46.4〔W〕、いっしょうけんめいペダルをこいで6秒でのぼったときの仕事率は1392〔J〕÷6〔秒〕で約232〔W〕となる。仕事率でくらべると、速くのぼったほうが、1秒あたりの仕事は大きくなる。

仕事率　＝　仕事　÷　かかった時間

運動でいう「仕事」は、パソコンの仕事とはちがうけどね。

自転車にはたらく抵抗

いったん走りはじめた自転車は、こがなくても慣性で走り続けるはずだ。しかし実際には、走り続けるのをじゃましようとするいろいろな力（「抵抗」）が、周囲からはたらいている。

自転車がだんだんおそくなる

舗装された平らな道で自転車のスピードを一度あげると、そのあとはこがなくてもしばらく走っていく。しかし、ペダルをこがずにいると、そのスピードはだんだんおそくなり、やがてとまってしまう。

自転車で走るときには、赤い矢印でしめした小さな力（「抵抗」の力）が、進む方向と逆向きにいつもはたらいているからだ。ペダルをこいで、この小さな力（抵抗）よりも大きな前向きの力をだし続ければ、自転車はいつまでも走り続けることができる。

走り続けるときの力

第2章で見たように、「ニュートンの運動の法則」では、ものが動きだすときには重いものほど大きい力が必要だった。妹と荷物を乗せたお母さんの自転車は、健太の自転車の2倍くらい重いので、お母さんが自転車をこぎだすときには約2倍の力が必要だ。坂道をのぼるときも、自転車はいつも重力でうしろにひっぱられているので、このばあいもお母さんには2倍の力がいる。▶33ページ

しかし、平らな道を同じスピードで走っているときは、のぼり坂とちがってうしろにひっぱる力はないので、お母さんの自転車も小さい力で進むことができる。

自転車に乗っているときに前に進もうとするのをじゃまする力（抵抗）には、①伝動損失（まさつ抵抗）、②タイヤのころがり抵抗、③空気の抵抗——の3つがある。順番に見ていこう。

走りだすときには大きな力が必要だけど、走りはじめると、力はすこしでだいじょうぶだ。

1 伝動損失（まさつ抵抗）

　自転車のペダルをふむと、その力は、ペダル→ギア軸→ギア→チェーン→変速機→ラチェットと伝わり、後輪をまわす（ペダルにくわえた力は、前輪には伝わらない）。ペダルをふむ力を後輪に伝えるそれぞれの部分に生まれるまさつ力を、まとめて「伝動損失」という。ことばの意味は、「力が伝わるときに、力が失われる」ということだ。

■まさつを少なくするために

　伝動損失の影響をいちばん受けやすいのが、ペダルの力を後輪に伝えるチェーンだ。57ページで紹介したように、チェーンは、ローラーをつけた軸で両端のプレートを結ぶ構造になっている。チェーンが歯車のところにくると、プレートは歯車に沿ってまがり、歯車の歯をローラーのあいだにはさみこむ。その動きは、とても複雑だ。そして、小さな部品がいくつも組みあわさっているので、さまざまなところでまさつが生じることになる。

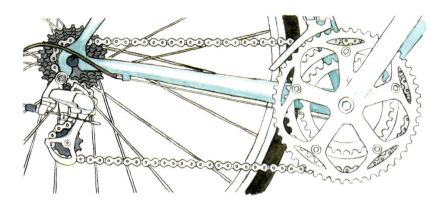

自転車のチェーンは、ほかの部品と接したり、スムーズな動きをするために結合部分をずらしたりと、とても複雑な動きをしている。いろいろなところに生まれるまさつが伝動損失を大きくするので、よごれを落としたり、油を塗って部品同士の動きがスムーズになるようにしたりと、ひんぱんに手入れすることがたいせつだ。

　まさつが大きくなるということは、伝動損失が大きくなるということだ。それだけペダルをこぐのによけいな力が必要になる。

　まさつをできるだけへらして、抵抗を少なくするためには、ふだんの手入れがかかせない。古い布きれなどを使ってよごれを落とし、内プレートと外プレートのあいだのすきま、歯をはさむローラーなどに油をさして、すべりをよくしておこう。▶57ページ

チェーンは外に出ているので汚れやすく、すべりをよくするために塗った油もすぐになくなってしまう。手入れしないチェーンは、さびてまさつが大きくなってしまう。

2 タイヤのころがり抵抗

もしも車輪にタイヤがついていなかったら、地面とのあいだのまさつが小さくなるので、①ペダルをこいだときに車輪がからまわりしやすくなる、②ブレーキをかけて車輪の回転をとめても、車輪はすべってしまい、すぐに自転車をとめることができない、③前輪は横すべりしやすくなり、ハンドルをまわしても自転車の進む方向を変えるのがむずかしくなる——などといったことが起こる。また、タイヤがなければ走るときにより強い力が必要になるし、乗り心地も悪くなってしまう。

タイヤは、でこぼこな地面にぴったりついている。

■タイヤが生みだす抵抗

第1章で紹介したように、自転車のタイヤのチューブには3気圧（約300kPa）に圧縮された空気がつめられている。空気がつまったタイヤは手で押してもほとんどへこまないが、人が乗ると重みでわずかにつぶれ、地面と接する部分が大きくなる。走っているときにタイヤの地面と接している部分がつぶれたりもとにもどったりするときの抵抗が、ころがり抵抗だ。チューブ内の空気がぬけると、タイヤがつぶれ、地面と接する面積も大きくなるので、タイヤの中でつぶれたりもどったりする部分が大きくなって（ころがり抵抗が大きくなって）ペダルをこぐのによぶんな力が必要になる。

はずむボールとタイヤの共通点

空気をいっぱいにつめたボールを高くもちあげて手をはなすと、ボールはしばらく床の上ではずむ（左）。位置エネルギーを使って落ちたボールは、その重みと床から受ける反対向きの力で中の空気がすこしつぶれ、そこに反発によってもとにもどろうとする力がはたらくからだ。しかし、ボールがもっていたエネルギーは、床にぶつかったときの抵抗によってはずむたびに少なくなり、やがて動きはとまる。

自転車のタイヤのあいだにも、同じようなことが起こっている。タイヤと地面が接している部分は、ボールが地面に落ちたときと同じように重みでつぶれ、地面からはなれると、もとにもどろうとする。このとき、抵抗のためにエネルギーを消費することになる。

空気が抜けたボールは、もとにもどろうとする力が弱く、最初に床に落ちたときに位置エネルギーのほとんどを抵抗で使い果たしてしまうので、はねかえらない（右）。タイヤ内の空気が少ないときも同じように、もとにもどろうとする力が弱くなる。タイヤと地面とが接する部分がふえるうえに、接している時間も長くなるので、そこに生まれるころがり抵抗は大きくなる。

③ 空気の抵抗

　風がふいていないときでも、自転車を走らせていると顔や体に風があたるのを感じる。自転車は、空気をかきわけて進み、そこに風を起こして、空気の抵抗をつくりだしているのだ。空気の抵抗は、ゆっくり走っているときには小さいが、スピードをあげると急に大きくなる。

　自転車に乗ってスピードをあげると、空気が人と自転車にぶつかって前進のじゃまをする。人と自転車のうしろにまわった空気の流れは、乱されてうずをつくる。うずは、まわりの空気をさらに乱し、人と自転車の動きをさらにじゃまする。スピードをあげればあげるほど、空気の流れは乱れて強くなり、抵抗は大きくなる。

　自転車に乗っているときの空気の抵抗は、嵐の日に強い風で傘がふきとばされそうになるような場面と同じだ。風が強いときには、空気の流れを乱さないように、傘をすぼめるなどして風があたる面積を小さくする。同じように、自転車でスピードをだすときにも、風があたる面積ができるだけ小さくなるようにする。

　ドロップハンドルをつけたサイクリング車やロードバイクは、スピードをあげて走るときにはハンドルの低いところをにぎり、姿勢を低くする。風があたる部分をできるだけ小さくして、空気抵抗をへらすためだ。

3つの抵抗の大きさをくらべる

健太が乗った自転車が、風のない日に平らな舗装道路を走ったとき、スピードによって空気抵抗、タイヤのころがり抵抗、伝動損失の大きさがどう変わってくるかを、グラフにしてみた。

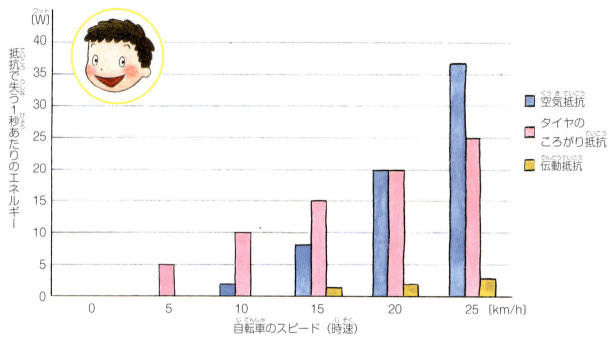

自転車のスピード（時速）

抵抗で失う1秒あたりのエネルギーを仕事率でしめしたもので、単位はワット（W）。たとえば、自転車が時速15kmのスピードで走るとき、空気抵抗は8W、タイヤのころがり損失は15W、伝動損失は1Wだ。

どんなスピードのときでも、3つの抵抗のうち伝動損失がいちばん小さい。また、ゆっくり走っているとき（時速5km）にはタイヤのころがり抵抗が5ワット（5W）あるだけで、空気抵抗はほとんど感じない。

スピードが2倍になると、タイヤのころがり抵抗は2倍になる。1秒間に走る距離が2倍になるからだ。

スピードがあがると、空気抵抗が急にふえる。空気がかき乱され、時速25キロメートル（25km）では、タイヤのころがり抵抗をぬいて、3つのうちでいちばん大きい抵抗になっている。

大きさ・重さと3つの抵抗

クマ博士が、がんじょうにできた折りたたみ自転車に乗っている。大きくて重いクマ博士だが、動きだしてしまえば、そこには3つの抵抗がはたらくだけだ。スイスイと、気持ちよさそうだね。

では、クマ博士が受ける3つの抵抗の大きさはどうなるだろう。

- ●空気抵抗　体が大きいから、空気抵抗は健太の3〜4倍くらいになる。
- ●タイヤのころがり抵抗　クマ博士は体重が重いので、健太よりもタイヤが大きくつぶれる。タイヤのころがり抵抗は大きく、6倍くらいになる。
- ●伝動損失　伝動損失は3倍くらいになるが、もともととても小さいので、問題にならない。

第6章

エネルギーの不思議

エネルギーによってさまざまな力が生みだされ、それが運動のために使われるのを見てきた。最後の章では、ここまでにあまりふれられてこなかった電気のエネルギーについて、すこしくわしく見ていくことにしよう。いま人気の電動アシスト自転車のしくみや、そこにくわえられたくふうについてもふれているよ。

自転車は小さな発電所

自転車についている発電機(「ダイナモ」ともいう)は、電気をつくり、暗いときにヘッドランプを点灯させる。自転車の前輪部分を観察してみよう。ローラー発電機やハブ発電機など、いくつかの種類がある。

ローラー発電機

前輪のそばについているこの部品は、むかしから自転車用の発電機として使われてきた「ローラー発電機」だ。太い円柱の上のほうから細い円柱がのびていて、その先はギザギザしてすべりにくくなっている。この部分がローラーで、自転車のタイヤに接触させてまわす。反対側からは電気を流す導線が出ていて、ランプにつながっている。

使うときには、発電機をタイヤのほうにかたむけて、ローラーをタイヤに押しつける。タイヤをまわしてつくられた「運動エネルギー」は、ローラーを伝って太い円柱の内部におくられ、そこで「電気のエネルギー」、そして「光のエネルギー」に変わる。

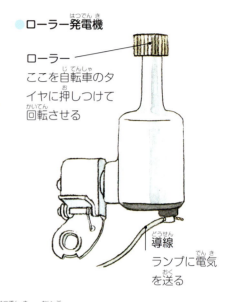

●ローラー発電機

ローラー　ここを自転車のタイヤに押しつけて回転させる

導線　ランプに電気を送る

■発電機の中をのぞいてみよう

真ん中でぐるぐるまわっているのは磁石(永久磁石)だ。磁石は、円周に沿って外側にN極とS極が交互にくるように、それぞれ4つ並んでいる。そのまわりには鉄心(コイルの中に入っている鉄製の板)が4枚ずつ計8枚、やや内側と外側に、下からたがいちがいにのびている。下部には導線を同じ向きに何回もまいたコイルがあって、鉄心はその内側と外側から出ている。内側と外側の鉄心は下でつながっている。8枚の鉄心は、磁石の4つのS極と4つのN極に対応している。

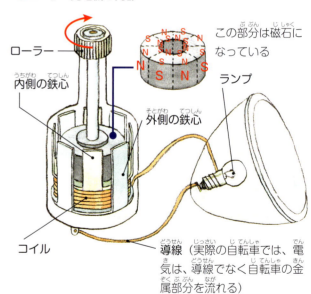

●ローラー発電機の内部

ローラー　内側の鉄心　外側の鉄心　コイル　ランプ　この部分は磁石になっている

導線(実際の自転車では、電気は、導線でなく自転車の金属部分を流れる)

●磁石がまわりだすと……

① 磁石の4つのS極が内側の鉄心に近づき、内側の鉄心4つは磁石のN極になる。そのとき、外側の鉄心4つの位置には磁石のN極が近づいて、外側の鉄心は磁石のS極になる。つながっている鉄の全体が、内側をN極、外側をS極とする磁石になるのだ。

② さらに磁石が回転すると、こんどはN極とS極が入れ替わる。磁石が1回転すると、コイルの中心をつらぬいている鉄心は、N極とS極が4回入れ替わることになる。

③ 磁石が動くと、近くにあるコイルには電流が発生する。発生した電流は、コイルの両端についている導線をとおって、その先のランプを点灯させる。磁石の回転が速いほどたくさんの電気が流れて、ランプは明るくなる。

自転車用のものだけでなく、家庭や工場などに電気をおくる大きな発電所でも、発電機はみんな同じ原理で動いている。

ハブ発電機

　ローラー発電機よりも効率がいいのが「ハブ発電機」だ。前輪のタイヤといっしょに回転するハブに磁石（永久磁石）を、その内側の回転しない車軸にコイルをつけている。前輪が回転すると、ハブといっしょに磁石が回転し、車軸につけたコイルに電気を流す。ハブ発電機には磁石のＮ極とＳ極が交互にたくさん並んでいるので、前輪がゆっくり回転しているときでも効率よく発電することができる。

● ハブ発電機の構造

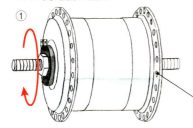

①ハブの外側ケース
このケースの両脇にスポークが固定されていて、車輪といっしょに回転する。

この穴の部分に、スポークの片側を固定する

②磁石（永久磁石）
ケースをはずすと、円筒型の磁石（永久磁石）が見える。磁石は、外側にＮ極を向けたもの（赤）とＳ極を向けたもの（緑）が交互にたくさん並んでいる。それぞれの内側は、外側とは反対にＳ極とＮ極になる（実際には、この絵よりももっと細かく、たくさんのＮ極とＳ極が交互に並んでいる）。磁石はケースについていて、ハブといっしょに回転する。

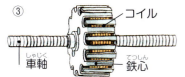

③磁石の内側
左右から交互に細長くのびた鉄心が見える。すきまからのぞくと、内側にはコイル（茶色の部分）が入っているのがわかる。コイルと鉄心は車軸についていて、回転しない。

■ 発電機の内部をもっと見る

　右の図は、コイルがよく見えるように鉄心の一部を省略したものだ。コイルの中まで鉄心がとおっている。この外側にある円筒形の磁石（上の②）が回転すると、③でしめした交互に細長くのびた鉄心の、右側からのびたほうがＮ極、左側からのびたほうがＳ極になり、さらに回転すると、Ｎ極とＳ極が入れ替わる。これをくり返すと、導線のまわりの磁場が変わるので、次のページで紹介する「電磁誘導」によって、コイルに電気が流れる。

● ハブ発電機の内部

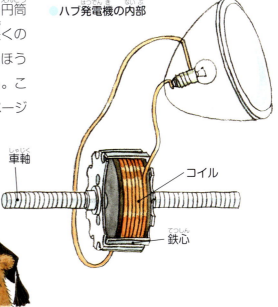

磁石には、電磁石のように外にまいたコイルに電気を流したときだけ磁石のはたらきをするものと、はじめから磁石のはたらきをもつものの2種類がある。はじめから磁石のはたらきをもっているものを「永久磁石」という。

発電の原理：「電磁誘導」で発電する

　自転車に使われるローラー発電機とハブ発電機は、両方とも、磁石を回転させるとコイルに電気が流れる「電磁誘導」という現象を利用したものだ。では、電磁誘導というのは、どのような現象なのだろうか。

■磁石の力がはたらく世界

　まず、永久磁石や電磁石のまわりにできる磁石の力（磁力）がおよぼす世界を、目に見えるかたちであらわしてみよう（下の図の、紺色の矢印）。磁石の力がはたらく空間を、「磁場」あるいは「磁界」という。

　左は、永久磁石のＮ極とＳ極がまわりにつくる力の方向をしめしている。線（磁場）は、Ｎ極から出てＳ極へ向かう。この線を「磁力線」という。線がこみあっているほど、磁力が強いことをしめす。

　右は、鉄心入りの電磁石をしめしている。鉄心のまわりに図のようにまいたコイルに、赤い矢印の向きに電気を流すと、左側がＮ極、右側がＳ極の磁石になる。

●永久磁石の磁場と磁力線

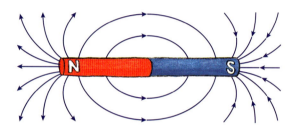

Ｎ極から出た磁力線は、だ円を描くようにしてＳ極へ向かう。

●電磁石の磁場と磁力線

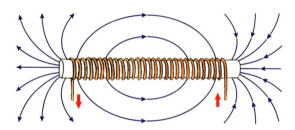

赤い矢印は、電流の向き。紺色の矢印は、磁場のようすが永久磁石のばあいと同じだということをあらわしている。鉄心がないときでも、電気を流すと弱い磁石になる。

ドライバーを右向きにまわすと、ネジは前方向（左方向）に進んでいく。電磁石におきかえると、ドライバーをまわす方向が電流の向きで、このときネジが進む方向（図の左）がＮ極になる。

コイルに流れる電流の向きと電磁石のどちらにＮ極ができるかということの関係については、「ネジをしめると進む方向がＮ極になる」とおぼえるとわかりやすい。

方位磁針で磁界を見る

　方位磁針は、どこにあっても針が北をさしている。しかし、水平な台の真ん中に垂直に導線をはり、台の上に磁針をおいて電気を流すと、それまでよりもべつの方向を向く。針がさす向きは場所によってちがい、磁針をいくつもおいてみると、磁針が導線を中心に円を描くように並ぶのがわかる。導線のまわりに磁界ができたためだ。

※**方位磁針**　山のぼりやハイキングなどのときに、方向を調べるためにもっていく磁石（方位磁石）の針の部分。

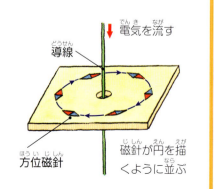

■ 電磁誘導

検流計（電流の強さと向きを調べる装置）にコイルを接続して、近くで磁石を動かす実験をしてみた。

磁石のN極をコイルに近づけると検流計の針がふれて、コイルに電気が流れたことがわかる。このとき、コイルには磁石から見て反時計まわりに電気の流れが生まれ、それによって、コイルは右側がN極の電磁石になる。そのまま手を動かさないでいると電気は流れなくなり、針は中央にもどる。

コイルから磁石をはなすと、検流計の針は逆にふれて、コイルの右側にはS極ができる。そして、そのままにしておくと、検流計の針はまたもとの中央にもどる。

このように、磁場が変化したとき、そこに電流が生まれることを、「電磁誘導」という。

発電機は、磁石（電磁石）とコイルの位置の関係を回転によって変え続けることで電磁誘導を連続的に起こし、大きな電気の流れをつくりだす。

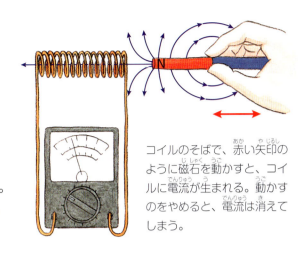

コイルのそばで、赤い矢印のように磁石を動かすと、コイルに電流が生まれる。動かすのをやめると、電流は消えてしまう。

電磁誘導は、イギリスの科学者マイケル・ファラデー（1791-1867）が1831年に発見したとされている。

大きな発電機の構造

右の図は、水力発電所の発電機を単純化して描いたものだ。外側には、カバーのかかったコイルが16個、固定されている。内側は大きな鉄心で、外の水車と軸でつながっている（図では水車を省略している）。鉄心の端は16個の電磁石になっていて、N極とS極が交互に並んでいる。

水車がまわって鉄心が赤い矢印のように回転すると、外側に固定されたコイルのひとつずつに、電磁石のN極、S極が交互に近づいては遠ざかる。固定されたコイルには、磁界の変化に応じて電磁誘導が起こり、電気がつくられる。

鉄心の回転によってN極・S極の1組が固定されたコイル1個を通りすぎるのが、交流の1周期。1秒間に50組が通過すれば、そこに50ヘルツ（50Hz）の交流電気が生まれることになる。

※ ヘルツは、1秒間あたりの振動数や周波数の単位だ。日本の電気は、静岡県の富士川と新潟県の糸魚川あたりを結ぶ線を境にして、東側では50Hz、西側では60Hzの交流電気が使われている。

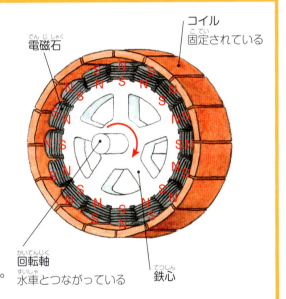

ここで、電磁石は、N極とS極で1組と数える。50Hzの交流電気をつくるために必要な鉄心の1秒間あたりの回転数は、次の式でもとめる。

50〔Hz〕÷ 8〔組〕＝ 6.25〔回転〕

電動アシスト自転車

ペダルをこぐ力を助けるためのモーターがついた自転車を、電動アシスト自転車という。足の力が弱くなったお年寄りや、小さい子どもを乗せたお母さんでも、坂道を楽にのぼることができる。

モーターが人の力を助ける

　足の力が弱くなったお年寄りや、小さい子どもをつれたお母さんが、自転車で坂道をのぼるのはたいへんだ。それを助けてくれるのが、電動アシスト自転車。電動アシスト自転車には、こいでいる人がいまどのくらいの力をだしてどのくらいのスピードで走っているのかなどを調べる装置と、自転車をこぐための力をアシスト（補助）してくれるモーターがついている。そのときの状況に応じてモーターが力をだして助けてくれるので、足の力の弱い人でも快適な運転をすることができる。

●電動アシスト自転車の構造

ハンドルには、アシストを利用する・しないを切り替えるスイッチや、バッテリーののこりの量を表示するメーターなどがとりつけられている。

前輪のハブには、スピードをはかる装置が組みこまれている。

電動アシスト自転車は、乗っている人がペダルをふむ力を自動的にはかって、最大でその2倍までの力をモーターが補助する。
補助する力は、時速が10kmをこえるとだんだん小さくなり、時速24kmをこえると0になる。

拡大してみると……
モーターを動かすための電池。家庭の電気コンセントを使って充電することができる。

モーターや、ペダルをこぐ力の状態を調べる装置などは、ここにまとめられている。

モーターがまわるしくみ

■モーターの構造

モーターの構造を図にしてみた。電磁石がN極とS極の真ん中を軸にして回転できるようになっていて、その外側には磁石（永久磁石）が配置されている。電磁石の回転軸のまわりには、半円形をしたふたつの金属（整流子）が、すこしすきまをあけてついている。整流子にはブラシとよばれる金属片がふれていて、電流は、ブラシから整流子をとおして電磁石のコイルに流れる。

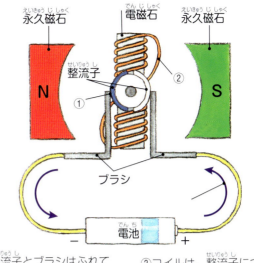

①整流子とブラシはふれていて、電気が流れる
②コイルは、整流子につないである

■磁石の力を利用する

モーターは、磁石がひっぱる力と反発する力を利用して動くしくみになっている。

まず、①のように電磁石の上になっている部分がS極になるように電気を流すと、電磁石のS極は磁石のN極にひかれて時計の反対まわりに回転をはじめる。電磁石が回転して②のように水平になったとき、整流子にすきまがあるためにブラシとの接触が一瞬切れて電流がとまるが、それまでの勢い（慣性）で電磁石は回転を続ける。回転を続けた整流子は、こんどは逆のブラシと接触するため、電磁石に流れる電気の向きのプラスとマイナスが逆になる（①のときのS極とN極が、③になると反対のN極とS極になる）。電磁石のN極は反発によって磁石のN極から遠ざかろうとし、同じ向きの回転を続ける。こうやって、電磁石の中心にある軸は、同じ方向へ回転し続ける。

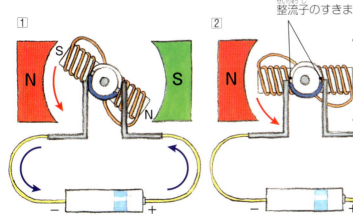
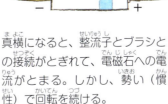
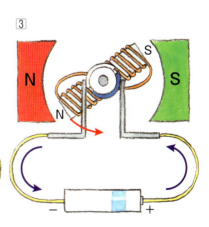

① 電気が流れると、電磁石のS極は外側の磁石のN極にひかれて時計の反対まわりに回転する。

② 真横になると、整流子とブラシとの接続がとぎれて、電磁石への電流がとまる。しかし、勢い（慣性）で回転を続ける。

③ コイル内の電流の向きが逆になり、電磁石のS極とN極が切り替わる。同じ極どうしは反発しあうので、電磁石は同じ方向への回転を続ける。

発電機がブレーキに！

電動アシスト自転車のモーターは、発電機として使うこともできる。そのときに利用するのが、自転車が前に進もうとする力（運動エネルギー）だ。これによって、発電機はブレーキの役割もはたすことになる。

回生ブレーキ

　第2章で紹介したように、ふつうの自転車のブレーキは、まさつの力を利用してリムやドラムの回転をとめる。このとき、運動エネルギーは熱エネルギーに変わり、空気中に散らばってにげてしまう。▶44ページ

　電動アシスト自転車には、ふつうのブレーキのほかに、「回生ブレーキ」というしくみがついているものがある。坂道をくだっているときやブレーキをかけたときなど電気の力を必要としないとき、自転車についているモーターは、自動的に発電機としてはたらく。このとき、発電機を動かすのに使われるのが運動エネルギーで、発電機によって電気エネルギーに変えられる。運動エネルギーを失った自転車は前に進むことができず、ブレーキがきいた状態になる。生まれた電気エネルギーは、ためておいて必要なときに利用する。

■回生ブレーキのしくみ

　図の下の部分は、発電機（モーター）の主要部分（回転する部分）だ。その上に自転車のランプとコイルをおいて実験してみた。車軸といっしょに回転する発電機は、①から④の動きをくり返す。そのあいだ、自転車にはブレーキがはたらき続け、運動エネルギーはへっていく。いっぽう、コイルには電気が流れ続けることになる（赤い矢印は発電機がまわる方向、紺色の矢印は、発電機とコイルとのあいだにはたらくブレーキとしての力）。

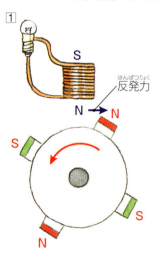
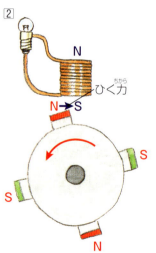
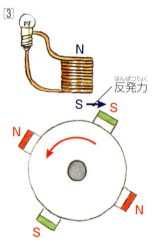
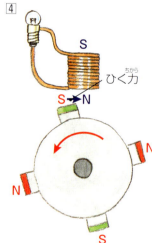

発電機がまわると、磁石が回転してN極がコイルに近づく。すると磁力線がコイルの中に入って電磁誘導（▶109ページ）で電気が流れ、コイルの磁石に近い側にN極ができる）。N極同士は反発しあうので、発電機の回転をとめようとする力がはたらく。

回転を進めて磁石のN極が通りすぎると、コイルをつらぬく磁力線がへるので、こんどはコイルの下側がS極になる。磁石とコイルのあいだはN極とS極でひきあうので、発電機の回転をとめようとする力がはたらく。

発電機がさらに回転して次のS極がコイルに近づくと、電磁誘導で下側がS極になる。S極どうしは反発するので、ここでも発電機の回転をとめようとする力がはたらく。

磁石が回転してコイルを通りすぎるときにはコイルの下側がN極になるので、S極とひきあってうしろにひっぱる。

■モーターを発電機として使う

モーターと発電機は、基本的に同じ構造をしている。電気を使って軸をまわせばモーターとしてはたらき、逆に、軸に外から力をくわえて回転させる（仕事をする）と、そこに電気（エネルギー）が生まれる。

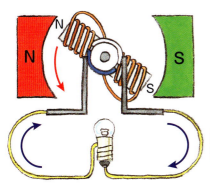
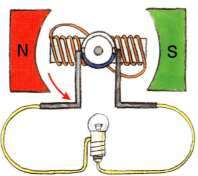
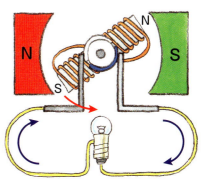

永久磁石のN極にコイルが近づくと、コイルをつらぬく磁力線の数がふえてコイルに電気が流れ、コイルの先にN極ができる。

コイルをつらぬく磁力線の数が増加から減少に移るときには、電気は流れない。

コイルが永久磁石のN極からはなれるとコイルをつらぬく磁力線がへるので、コイルに電気が流れ、コイルの先にS極ができる。

コイルの反対側の先も同様のはたらきをする。ランプのかわりに蓄電池をつけておけば、そこに発電した電気エネルギーをためておくことができる。

さまざまな乗りもので使われる

■自転車

坂道の多いところは、回生ブレーキがついた電動アシスト自転車が適している。くだり坂では回生ブレーキで発電してバッテリーに充電し、のぼり坂ではその電気をモーターに流して車輪の回転を助ける。

■電車、新幹線

大きくてスピードが速い電車や新幹線は、走っているときの運動エネルギーが大きい。回生ブレーキで大きな電気エネルギーをえることができる。

■ハイブリッド自動車、電気自動車

回生ブレーキでできた電気エネルギーは、蓄電池に蓄えられる。その電気エネルギーは、次にスピードをあげるために使うことができる。

■エレベーター

エレベーターのいちばん上には滑車があり、そこにかけたケーブルの両側に、人が乗る箱と、それと同じ重さのおもりがついている。動きだすときにはモーターでスピードをあげる。とまるときに回生ブレーキを使うと、エレベーターの箱とおもりの運動エネルギーを電気エネルギーに変えることができる。

わ～！電動アシスト自転車って、のぼり坂も楽に走れる!!

動きだしてからとまるまで

自転車に乗って平らな道をすこし走り、最後に坂道をのぼる。
このとき、ぼくの「力」がどんなところに使われているのかを、絵にしてみた。

■ ふつうの自転車で坂道をのぼる

①自転車をこぎ続けるためには、エネルギーが必要だ。まずはしっかり食事をとって、エネルギーを補給しておこう。

②出発。ペダルをふんでスピードをあげていくと、運動エネルギーがふえていく。体にたくわえておいたエネルギーが、この運動エネルギーになる。

③同じスピードで平らな道を走り続けるとき、運動エネルギーは変わらない。しかし、まさつや空気抵抗で失われるエネルギーがある（失われたエネルギーは、熱エネルギーになる）。このぶんを補給するために、体のエネルギーがすこし使われる。

④のぼり坂では、ペダルに力を入れて自転車をこぐ。すべり落ちないように、体のエネルギーをたくさん使わなければならない。

⑤平地のときと同じように、のぼり坂を同じスピードで走ったばあいの運動エネルギーは変わらない。高くのぼればのぼるほど、位置エネルギーがふえていく。このエネルギーも、ぼくの体がだしたエネルギーが変化したものだ。ここでも、まさつや空気抵抗によって熱エネルギーが発生するので、それをおぎなう必要がある。

⑥坂の上でブレーキをかけてとまると、運動エネルギーは0になる。失われた運動エネルギーは、ブレーキシューとタイヤのリムのあいだ、タイヤと地面のあいだなどで生まれるまさつによって、熱エネルギーになる。とまっている自転車には、位置エネルギーだけがのこっている。

■ 電動アシスト自転車で坂道をのぼる

電動アシスト自転車のばあいは、電気のエネルギーが人のエネルギーを補助してくれる。とくに、のぼり坂になると人のエネルギーの2倍相当の電気エネルギーが助けてくれるので、楽にのぼることができる。

①時速24km以下で走っているときには、まわりの状況に応じて電気のエネルギーが助けてくれる。

②坂道などでは、人がだす力の2倍までの力を電気のエネルギーが補助してくれる。つまり、ふつうの自転車でのぼるときの3分の1の力でのぼることができる計算だ。

乗りものを走らせるエネルギー

自転車は、人の力をエネルギーにして走る。そのほかの乗りものは、いろいろな燃料から熱エネルギーをつくりだし、さらにそれを運動エネルギーに変えて動く。

エネルギーのもと

現代の生活で使うエネルギーのもとは、大部分が石油、石炭、天然ガスだ。これらは小さい体積のなかにたくさんのエネルギーをもっているので、乗りものは自分を動かすための燃料を積んで遠くまでいくことができる。

自動車はガソリンで走る

飛行機はジェット燃料で飛ぶ

船は重油を燃やして進む

電車は電気を使って走る

燃料を燃やすと、1リットル（1L）の石油からは3万8000kJ、1キログラム（1kg）の石炭からは2万9000kJ、1立方メートル（1m³）の天然ガスからは4万2000kJの、熱エネルギーが出る。エンジンは、熱エネルギーの一部から大きな運動エネルギーをつくりだす。電車を走らせる電気エネルギーも、熱エネルギーからつくられる。

電気をつくる

ここでは、火力発電所のしくみをかんたんに紹介しておこう。火力発電所では、石炭、石油、天然ガスなどの燃料を燃やして水を熱し、圧力の高い蒸気をつくる。羽根車がたくさん並んだタービンにその蒸気を吹きつけて羽根をまわし、タービンの軸の先につながった発電機をまわして発電する。

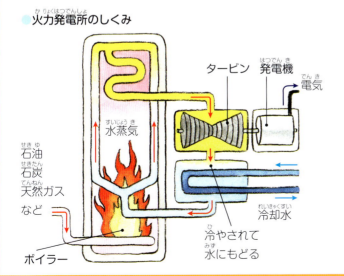
●火力発電所のしくみ

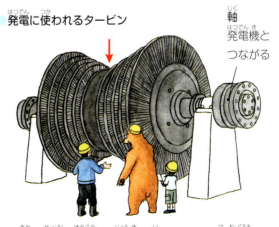
●発電に使われるタービン
赤い矢印の方向から蒸気が入れられて、羽根車をまわす。中央の軸は、発電機とつながっている。

※キロジュール（kJ）は熱エネルギーの単位。▶92ページ

エネルギーの不思議

自転車に乗って走っていると、エネルギーがいろいろなかたちに「変身」する。ただし、エネルギー全体の量は、どこにいても、なにをしていても変わらない。

エネルギーの変身

自転車に乗る人が自転車にくわえた力は、状況に応じてさまざまなエネルギーに変わっていく。

もっとも大きくて基本になるのは、自転車を前に進ませる**運動エネルギー**だ。坂をのぼると、高くなるにつれて、**位置エネルギー**がふえていく。坂をくだるとき、位置エネルギーは運動エネルギーに変化する。

平らな道を走っているとき、力をくわえなければ、タイヤのころがり抵抗や伝動損失、空気の抵抗などによって自転車のスピードが落ちてくる。こうした抵抗は、**熱エネルギー**になる。ブレーキをかけたときにも、まさつによって熱エネルギーが生まれる。暗くなってライトをつけるときは、自転車の運動エネルギーの一部を発電機で**電気エネルギー**に変え、それをさらに**光エネルギー**に変身させる。

道がでこぼこしていると、その上を走る自転車は振動する。タイヤが道の盛りあがった部分に乗ると、タイヤのその部分は押され、縮んだあとで、もとにもどろうと地面を押しかえす。この力を「弾性力」といい、このときたくわえられたエネルギーを**弾性エネルギー**という。弾性エネルギーは、ゴムやバネのようなものがのびたり縮んだりしたときにたくわえられるエネルギーで、たとえばサドルのバネは、自転車の振動を吸収して、ショックをやわらげる。チェーンがまわるときにでる音や、ハンドルにつけたベルがなる音は、**音のエネルギー**だ。

●さまざまに変身するエネルギー

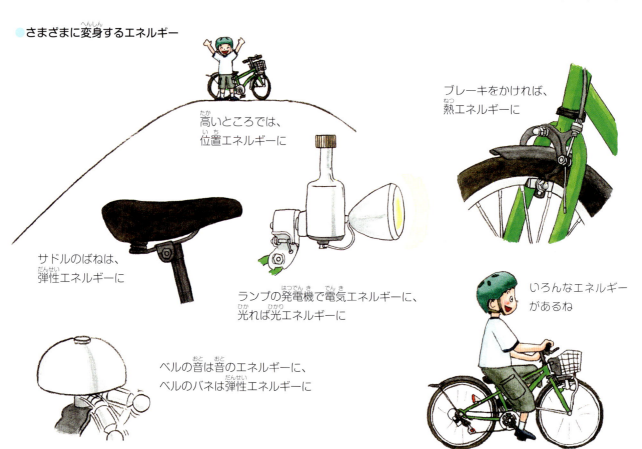

高いところでは、位置エネルギーに

ブレーキをかければ、熱エネルギーに

サドルのばねは、弾性エネルギーに

ランプの発電機で電気エネルギーに、光れば光エネルギーに

ベルの音は音のエネルギーに、ベルのバネは弾性エネルギーに

いろんなエネルギーがあるね

エネルギーの総量

電動アシスト自転車で坂道をのぼるときのエネルギー変化を、グラフにしてみた。

出発前、人はごはんを食べて体にエネルギーをたくわえ、自転車の電池は充電しておく。このふたつの合計が、全体のエネルギーとなる。

平地を走ると、運動エネルギーが現れる。タイヤのまさつや空気抵抗などによる熱のエネルギーもすこし現れる。のぼりの坂道になれば、平地よりたくさんのエネルギーを使う。これによって、位置エネルギーがふえてくる。坂の上の到達点でとまると、運動エネルギーは0になる。位置エネルギーはいちばん大きくなった。

表でわかるように、人のエネルギーや電気エネルギーがへったぶんだけ位置エネルギーがふえている。変身しても、全体のエネルギー量はいつも変わらない。これは「エネルギー保存の法則」とよばれる。

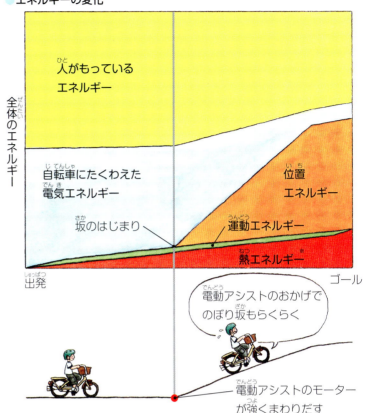

●エネルギーの変化

※熱エネルギーは、周囲にちらばっていくぶんの合計をあらわしている。

どれだけエネルギーを使う？

最後に、人が1キロメートル（1km）動くときに必要なエネルギーをくらべてみよう。自転車はひとり、自動車は5人、ジェット旅客機は250人乗るとする。大勢で乗っていても、ひとりぶんを計算する。単位はキロジュール（kJ）だ。

150 kJ

大人が1km歩くときに使うエネルギーは、約150 kJ

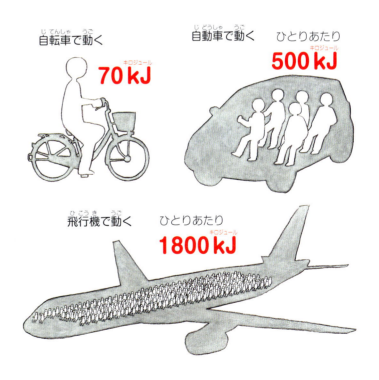

自転車で動く 70 kJ

自動車で動く ひとりあたり 500 kJ

飛行機で動く ひとりあたり 1800 kJ

くらべてみると、1キロメートル動くときに必要なエネルギーは、自転車がいちばん少なかった。自転車は、人の体にも環境にもやさしい乗りものだということがわかった。

大人のみなさんへ
各章のポイント

第1章

単位の定義と標準

　自転車の大きさや重さを測るときには、世界で共通に使われている国際単位系（SI）の単位を使用する。SIの「基本単位」は、長さの「メートル（m）」、質量の「キログラム（kg）」、時間の「秒（s）」など7つあり、この基本単位を組み合わせて「組立単位」をつくる。

　たとえば、速さの単位「メートル毎秒（m/s）」はメートルを秒で割るかたちに組み立てているし、加速度の単位「メートル毎秒毎秒（m/s^2）」はメートルを秒で2回割るかたちに組み立てている。力の単位「ニュートン（N）」は、キログラムにメートルをかけたものを、秒で2回割るかたち（$kg・m/s^2$）に組み立てている。

　18世紀の終わり、ヨーロッパ大陸で子午線の一部を測定し、子午線の極から赤道までの長さの1000万分の1の長さを「1メートル」と決めた。これをもとに「メートル原器」がつくられ、長さの基準として使われてきた。しかし、どんな物質も時間の経過にともなって変化を起こすので、現在はメートル原器を使わず、物理現象を基準にして1メートルは「1秒の2億9979万2458分の1の時間に光が真空中を進む距離」と定義されている。

　キログラムは、白金とイリジウムの合金でつくられた「キログラム原器」の質量が1キログラムと定義されている。キログラム原器のもとになっているのは、1辺が10センチメートル（10cm）の立方体の容器に入る摂氏4度（4℃）の蒸留水、つまり1リットル（1L）の水の質量だ（現在、将来にわたって値が変化しない物理量を使った新しい定義が考えられている）。

　秒は、昔は地球の自転周期（すなわち1日）の24×60×60分の1の時間を1秒と決めていた。現在では、セシウム原子時計を使ってセシウム133の原子から発せられる放射線の周期をはかり、その91億9263万1770倍に等しい時間が1秒と定義されている。

　単位の基準が変わってきたのは、より正確に、精密に定義するためだ。しかし、正確さには欠けるが、昔の決めかたのほうがわかりやすい。

測定値と誤差

　第1章では自転車の全長や重さを測った結果を紹介しているが、そこに出てくる数字は、自転車の全長や重さの「真の値」ではなく、あくまでも「測定値」だ。そもそも私たちは、自転車の全長や重さの「真の値」を表すことはできない。どんなにたくさんの数字を並べても、それは「真の値」を表してはいないし、そもそも日常生活では、真の値を知る必要もない。

　では、自転車の全長の測定値「161cm」は、どんなことを表していると考えられるだろう。これは、「真の値が160.5cmと161.5cmのあいだにふくまれていることまではたしかだ」というメッセージととらえられる。

　また、測定値22.4mmと22.40mmでは、「小数点以下が1桁ちがう」というだけでなく、その値が表している内容にもちがいがある。測定値22.4mmが「真の値が22.35mmと22.45mmのあいだにふくまれていることまではたしかだ」というメッセージなのに対して、測定値22.40mmのばあいは「真の値が22.395mmと22.405mmのあいだにふくまれていることまではたしかだ」というメッセージになるのだ。

　下の図に、それぞれが示すメッセージの範囲を色わけしてみた。測定値22.4mmでは真の値は緑色の範囲に

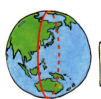
地球の子午線
1周は
40000km

4℃の蒸留水
1L（リットル）が
1kg

1900年の
地球の自転周期は
24×60×60秒

測定値「22.4mm」と「22.40mm」が示す範囲

					22.4					
22.35	22.36	22.37	22.38	22.39	22.40	22.41	22.42	22.43	22.44	22.45

ふくまれ、測定値22.40mmでは黄色の範囲にふくまれる。測定値の小数点以下の桁数が1つ増えると誤差の幅は10分の1になり、測定精度は10倍あがる。

第2章

慣性系と運動方程式

たとえば、電車がまっすぐな線路の上を等速で走っているとき、車内の空気も同じ速さの直線運動をしている。電車に乗っている人は自分を基準に考えるので、棚の上においた荷物は、とまっているように見える。棚から荷物が落ちると、電車の中では真下に落ちるのが見える。真上に投げ上げたボールも、真下に落ちてくる。

しかし、もし線路わきの人に電車の中が見えたとすると、落下する荷物は電車の進む方向に進みながら落ちる放物運動に見える。投げ上げたボールも、放物線を描いて前方に落ちるように見える。

この例のように等速直線運動をしている空間や、静止している空間（これらふたつの空間を「慣性系」という）では、ニュートンの第2法則（運動の法則）が成り立つ。子どもページではふれていないが、それは「力を受ける物体は、その力の向きに加速度が生じる。この加速度aは、物体にはたらく力の大きさFに比例し、物体の質量mに反比例する」と定義されている。

加速度aは単位時間あたりの速度の変化（単位はm/s^2）を表し、質量mは物体の加速されにくさ（単位はkg）を表す。力の単位「ニュートン（N）」は、比例定数が1になるように「質量が1kgの物体に1m/s^{2}の加速度を生じさせる力を1Nとする」と定義されている。以上の単位を使って計算すると、$a=F/m$または$F=ma$と表すことができる。力Fが0なら加速度aも0になるので、この式は「物体に力がはたらかなければ、その物体は静止または等速直線運動をする」ことも示している。

電車が急にとまると乗客は前に押され、急発進するとうしろにのけぞる。向きを変えると、「見かけの力」がはたらく。このように、等速でないときには電車の中は慣性系ではなくなり、乗客は遠心力のような見かけの力を受ける。自転車に乗っているときも電車と同じだ。自転車に乗って方向を変えるとき、乗っている人には遠心力がはたらく。

自転車と遠心力

自転車が倒れない理由のひとつにあげられる遠心力について考えてみよう。遠心力は、質量mと速さvの2乗に比例し、回転半径rに反比例する大きさで、回転の外側の向きにはたらく力だ。式で書くと、次のようになる。

遠心力 $F = mv^2/r$

自転車の進む方向を変えようとするときは、進みたい方向に車体をすこし傾ける。このときの重力（赤の矢印）を車体の方向（水色の矢印）と水平方向（オレンジ色の矢印）の成分にわけてみた（右の絵）。車体の方向の力は、地面で支えられている。水平方向の力は内側を向いており、このままでは内側に倒れてしまうが、外側を向く遠心力（緑の矢印）とつり合うときには、倒れないで黒の矢印のように円運動をする。絵では、遠心力のほうが強くなっている（緑の矢印が長い）。この場合、自転車と人は遠心力の力で起きあがることになる。

上は、走っている電車の棚の上の荷物が落ちるのを、電車の中の視点で見たところ。それを線路わきから見ると、下のような動きに見える。

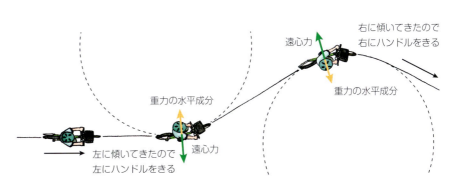

ゆっくり走っている自転車は、ごくわずかながら左右へのゆれをくり返しながら走っている。前ページ下の図は、そのようすを表したものだ。

①左のほうからゆっくり走ってきた自転車が、左にすこし傾いた。
②ハンドルを左にきって円周上に沿って走ることによって、遠心力がはたらき、自転車が立ち上がった。
③次に、右にすこし傾いた。
④今度はハンドルを右にきることで円周上をまわるようになり、遠心力によって立ち上がった。
──これがくり返されている。

第3章

トルクと駆動力

ある固定された回転軸を中心に、回転軸のまわりにはたらく力のモーメントを「トルク」という。また、自転車や自動車のタイヤが前に進むために路面を押す力を「駆動力」という。

自転車は、ペダルに加えたトルク（力のモーメント）が、歯車とチェーンを経由して後輪の駆動力に使われる。

ペダルを踏む力をP、クランクの長さをℓとしたときのクランク軸のまわりのモーメントの大きさは$P\ell$となる（てこの原理による、力と長さの積）。同じ原理で、大ギアがチェーンをまわす力は、大ギアの半径をr_Cとすれば、$P\ell/r_C$となる。この力はそのままチェーンをとおして小ギアを回転させる。ここで、小ギアの半径をr_Fとすれば、小ギアに発生するモーメントの大きさは$(P\ell/r_C)\times r_F$になる。したがって、後輪の駆動力は、小ギアに発生するモーメントの大きさを後輪の半径Rで割ることで求められる。

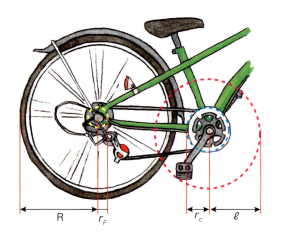

$$駆動力 = \frac{ペダルを踏む力 \times クランクの長さ}{大ギアの半径} \times \frac{小ギアの半径}{後輪の半径}$$

$$= ペダルを踏む力 \times \frac{クランクの長さ}{後輪の半径} \times \frac{小ギアの半径}{大ギアの半径}$$

$$= ペダルを踏む力 \times \frac{クランクの長さ}{後輪の半径} \times \frac{1}{ギア比}$$

自転車の馬力

ここで、自転車の性能に関して使われる用語を整理しておこう。

用語	定義	式	単位
力	ものを押す・引く力	力	N（ニュートン）
トルク（力のモーメント）	ものを回転させるはたらき	力×長さ	Nm
仕事	力を加えてものを移動させる	力×距離	Nm=J（ジュール）
エネルギー	ものがもっている仕事をする能力	力×距離	Nm=J
パワー（仕事率）	1秒間にする仕事量	力×距離/時間	J/s=W（ワット）

最後の項目「パワー（仕事率）」は、一般に「馬力」といわれるものだ。人間の場合、長時間連続してだせるパワーは100Wぐらいだといわれている。1馬力は736Wなので、100Wは0.136馬力にあたる。

自転車のパワーは「ペダルを押す力×1秒間にペダルが移動する距離」になるので、円周率をπで表すと、次のようになる。

パワー〔W〕＝2π×トルク〔Nm〕×回転数〔rpm〕/60

トルクは、ペダルを押す力とクランクの長さをかける。回転数は、1分あたりにペダルをこぐ回数だ。

クランクの長さを0.17m、回転数を70〔rpm〕とし、パワーを100Wと考えて、自転車を前に進ませるために人が出している力を計算すると、次のようになる。

100＝2π×（ペダルを押す力）×0.17×70/60

$$ペダルを押す力 = \frac{100 \times 60}{2\pi \times 0.17 \times 70} = 80.3N$$

ちなみに、国内でのパワーの目安は、250ccバイクで最大45馬力（約3万3000W）、軽自動車で最大64馬力（約4万7000W）、普通乗用車で最大280馬力（約20万W）とされてきたが、規制緩和の動きもみられる。

第4章

運動量と力積

「運動量」は、運動している物体の状態を表すもので、質量に速度をかけた値をいう。72ページで紹介したよ

うに、物体がもつ運動量は、日常生活のなかでは"動いている物体のとめにくさ"として体感される。つまり、重くて速く動いているものほど運動量が大きく、これを静止させるには、大きな「力積」(力と、力のはたらく時間をかけあわせた値)が必要になる。そして、「物体の運動量の変化は、その変化のあいだに物体が受けた力積に等しい」。

質量m〔kg〕の物体にt秒〔s〕のあいだ力F〔N〕がはたらき、それによって物体の速度がV_A〔m/s〕からV_B〔m/s〕に変化した場合(下の図)、次の式が成り立つ。

$mV_B - mV_A = F \cdot t$

この式は、「物体に力が加わらなければ、運動量は変化しない」ことも表している。

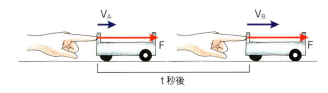

慣性モーメントと角速度

回転軸のまわりを回転する物体が、その回転の状態を保ち続けようとする"回転の慣性"の大きさを表す量を、「慣性モーメント」という。これは物体の「運動」の際に考えた「質量」に対応する量で、次のように表される。

回転する物体が質量m_1、m_2……m_nというn個の小部分からできていて、そのそれぞれが回転軸からr_1、r_2……r_nの距離にあるとすれば、慣性モーメントIは

$m_1 r_1^2 + m_2 r_2^2 + \cdots\cdots m_n r_n^2$

となる。

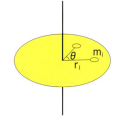

別の視点から同じものを見てみよう。どの部分も、一定時間t〔s〕に回転軸のまわりを同じ角度θ〔ラジアン〕だけ回転している(角度1ラジアンは、約57.3度に相当する)。1秒間に回転する角度によって回転の速さを表すとき、これを角速度ω〔ラジアン/s〕という。角速度ω〔ラジアン/s〕は、次の式になる。

$\omega = \theta / t$

角運動量保存の法則

フィギュアスケートの選手がスピンをするとき、腕をたたむと、広げているときよりも回転スピードがあがる。外から回転を速くするような力は加わっていないのに、なぜこんなことが起きるのだろう。

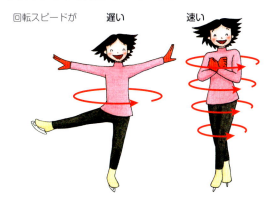

回転スピードが　遅い　速い

回転している物体の状態を表す量を、「角運動量」という。角運動量は、"回転している物体のとめにくさ"として体感され、慣性モーメントIに角速度ωをかけた値Iωでもとめる。

腕をたたむと、慣性モーメントIが小さくなるかわりに角速度ωが大きくなるので、回転は速くなる。

このとき、選手の角運動量の値は、腕をたたむか否かに関係なく、変わらない。「物体に力のモーメントが加わらなければ、角運動量は変化しない」ことを、「角運動量保存」の法則という。

第5章

等加速度直線運動

85ページで紹介したように、同じ力で自転車をこぎ続けると、自転車のスピードはだんだんあがっていく。85ページの表の「1の力」の場合をグラフにしてみた。

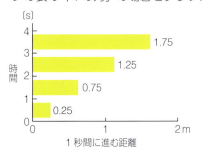

1秒間に進む距離を横軸に、時間を縦軸にとると、ここでは1秒あたり0.5メートル毎秒(0.5m/s)ずつふえているので、加速度は0.5メートル毎秒毎秒(0.5m/s²)となる。健太と自転車の合計の質量を47kgとすると、自転車を前に進める力Fは次のようになる。

$F = ma = 47 \times 0.5 = 23.5$ N

自転車では、車輪の回転を速くする力は自転車全体を前に進める力にくらべるとずっと小さいので、この値は

無視することができる。

仕事とエネルギー

エネルギーというのは、もともと「仕事をする能力を表す量」で、「仕事」と深い関係がある。ここでいう「仕事」は、私たちが日常使っているよりせまい意味で、「物体に力を加え続けて移動させること」をいう。85ページの図では、健太が23.5Nの力で自転車を4m進ませたので、仕事は23.5〔N〕×4〔m〕=94〔J〕となる。

移動する向きと加えられる力の向きは必ずしも一致しないので、その場合は次のようになる。

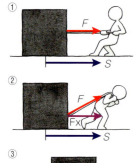

① 水平な力F〔N〕を加えて距離S〔m〕だけ移動させた場合の仕事Wは
$W = FS$〔J〕

② 斜め上に力F〔N〕を加えて距離S〔m〕だけ移動させた場合の仕事Wは、水平方向の分力F_xを考えて
$W = F_x S$〔J〕

③ 物体が距離S〔m〕だけ移動するあいだに摩擦力Fがはたらいた場合の仕事Wは、力と移動方向の向きが逆向きなので
$W = -FS$〔J〕

図の①で、摩擦がある場合とない場合について考えてみよう。摩擦のある面の上で物体をゆっくり動かし続け、ある位置から距離Sだけ移動させたとき、速さが変わらないならば、仕事$W = FS$は全部熱エネルギーになる。なぜなら、同じ速さで移動するとき、運動エネルギーの大きさは変わらないからだ。摩擦がまったくない面に物体をおいて引き続けると、だんだんスピードが増す。あたえられた仕事$W = FS$は全部運動エネルギーになり、手を離すと、そのときの速さで動いていってしまう。

力学的エネルギーの保存

ある物体がもっている運動エネルギーと位置エネルギーを足し合わせたものを「力学的エネルギー」という。

質量m(kg)の物体が速度v(m/s)で運動しているとき、その物体がもつ運動エネルギーKは、$K = \frac{1}{2}mv^2$〔J〕となる。

また、質量m(kg)の物体が高さh(m)にあるとき、その物体がもつ位置エネルギーUは、$U = mgh$〔J〕となる（gは、重力による物体の加速度9.8m/s²）。

物体が運動するあいだに、重力以外の力から仕事をされなければ（つまり摩擦力や空気抵抗がないとすれば）、運動エネルギーと位置エネルギーを足した値は変化しない。このことを「力学的エネルギー保存の法則」という。

第6章

なぜ自転車はエコなのか

私たち人類が直面する今世紀の問題のひとつが、地球温暖化の問題だ。石油を代表とする化石燃料の爆発的な使用が、大気中の炭酸ガスの濃度を上昇させ、温室効果によって地球の平均気温が上昇し続けていることがわかっている。

必要なエネルギーは、人を運ぶ方法によって変わる。

輸送方法	1人を1km運ぶのに要するエネルギー〔kJ〕
自転車	70
徒歩	150
自動車	500
バス	170
列車	170
飛行機	1800

上の表は、117ページの最後で紹介した図の値をまとめたもので、それぞれの乗り物に定員いっぱい乗せて運んだ場合の、1人を1km運ぶために使用するエネルギーの値を表している。

この表からわかるように、鉄道やバスといった公共交通機関のエネルギー効率がいいという結果になっている。また、最近は電気自動車が普及しはじめている。しかし、それとても、たとえば電気をつくるためには火力発電などが必要で、化石燃料が使われることに変わりはない。

一方、自転車は、人の力を利用しながらも、歩くときよりもエネルギーを使わずに、しかも速く移動することができる。公共交通機関による輸送にくらべても、自転車のほうがエネルギー効率がよく、また化石燃料を使わないことから、環境にやさしい輸送方法ということができる。

ヨーロッパでは、自転車を利用することの価値を国が理解して、自転車専用道路や駐輪場の整備がすすめられている。駅や街角にステーションを用意して、レンタル&リターンが可能になっているところも少なくない。

日本でも、季節季節の色や風を肌で感じながら自転車に乗るスタイルがもっと広がれば、さらに豊かな生活を手に入れることができることだろう。

さくいん

〈アルファベット〉

L字型レバー 70
N極 106, 108, 109, 111, 112
S極 106, 108, 109, 111, 112
U字型金属板 71

〈あ〉

合図（自転車の運転時） 47
アウター 69, 71
圧力 48
アリストテレス 24
安定 39
位置エネルギー 14, 95, 96, 98, 114, 116, 117
一輪車 37
インナーワイヤー 69, 71
インチ〔inch〕 18, 30
引力 26
　地球の── 26
　月の── 26
運動
　──エネルギー 14, 87, 88, 89, 96, 106, 112, 113, 115, 116, 117
　──の法則 32, 33, 85, 100
エネルギー 14, 87, 114, 115
　──保存 97
　──変化 117
　人の── 117
エレベーター 97, 113
円運動 75, 76
円周率 17
エンジン 57
遠心力 46, 75, 76
大きさ 16
　──をはかる 16
音のエネルギー 116
重さ 11, 22, 24, 25, 75, 76
オーディナリー型自転車 51

〈か〉

回生ブレーキ 112, 113
回転 51, 72, 78, 79
　──エネルギー 88
　──軸 55, 67, 74, 77
　──数 56
　──ブランコ 75
火力発電所 91, 115

カーブ 73, 75
加速度 86
かたむき（角度） 73
ガリレオ（・ガリレイ） 24, 35
カロリー〔cal〕 92
慣性 35, 45, 78, 111
　──の法則 32
　──力 45
気圧 18, 48, 80
ギア比 54, 58, 59
ギガ〔G〕 30
機械式の時計 53
キログラム〔kg〕 26, 30
キャスター 77
逆流 80
強度 61
空気圧 18, 80
空気抵抗 13, 103, 117
基本単位 30
偶力 68
クランク 52, 67
グリップ 68
ケーブルカー 97
ケプラー 25
　──の法則 25
けんけんのり 86
検流計 109
コイル 107, 108, 109, 111, 112
合金 61
高速ギア 58
交流（電気） 109
抗力 94
後輪側の歯車 58
合力 27
国際単位系 30
ゴム 79
コロ 50
ころがり抵抗 13, 102

〈さ〉

サイクリング車 81, 82, 103
サイドプル式（ブレーキ） 69, 70
サドル 16, 81, 82, 116
　──クランプ 82
　──の位置 82
　──の高さ 19, 82
作用線 67

作用点　12, 26, 66, 67, 68, 69
作用・反作用　42
　　──の法則　33
三角形　62
子午線　30
仕事　60, 87, 98
　　──の原理　60
　　──率　99
磁界（磁場）　108, 109
磁石（永久磁石）　106, 107, 108, 111
磁針　108
姿勢　81
時速　56, 57, 84
質量　26, 86
　　──の単位　26
支点　12, 26, 66, 67, 68, 69
　　──からの距離　66
自動車　117
シティサイクル　53, 80, 81, 82
シート
　　──クランプ　82
　　──チューブ　82
　　──ポスト　82
ジャイロ効果　10
車輪　→ホイール
徐行　47
重心　28, 36
重量効果　74
重力　24, 25, 35, 75, 76, 86, 94
　　──による加速度　86
ジュール（人名）　92
ジュール（単位〔J〕）　87, 117
蒸気機関　91, 92
振動数（周波数）　109
水力発電所　109
筋交い　62
スターレー　53
スタンド　16, 28, 29, 39, 74
スチール　61
スポーク　16, 21, 63, 64
　　──にくわわる張力　64
整流子　111
石炭　115
石油　14, 115
接地点　29, 38, 77
センチ〔cm〕　30
前輪　74
速度（スピード）　56, 57, 73, 84, 85

〈た〉

大気圧　18, 48
代八車（大八車）　50
太陽　30
タービン　115
タイヤ　13, 16, 18, 44, 48, 63, 79, 80, 102, 114, 116
　　──の直径　19
　　──の幅　19
ダイヤモンドフレーム　62
弾性エネルギー　116
単位　30
炭酸繊維強化プラスチック　61
ダンロップ　79
チコ・ブラーエ　25
チェーン　12, 16, 53, 57, 67, 101
力　13, 14, 27, 66, 85, 86
　　──の単位　26
　　──のモーメント　67, 74
チャイルドシート　19, 23
チューブ　18, 48, 79, 80
停止　47
低速ギア　58
てこの原理　12, 66
鉄（心）　61, 106, 107
電動アシスト自転車　110, 114
電気（の）エネルギー　106, 112, 113, 114, 116, 117
電磁石　107, 108, 109, 111
電磁誘導　108, 109, 112
伝動損失　13, 101, 116
天秤ばかり　26
等速　84
東京スカイツリー　62
ドライス男爵　51
ドライジーネ　51
トラス構造　62
ドラム　44, 112
トレイル　77
ドロップハンドル　81, 103

〈な〉

長さ　16
ナノ〔n〕　30
ニップル　63
ニュートン（人名）　24, 32, 86
ニュートン（単位〔N〕）　26, 87
熱（エネルギー）　91, 96, 112, 114, 115, 116, 117
燃料　115

ノギス 20
のぼり坂 59

〈は〉

パイプ 61
歯車（ギア） 12, 53, 58, 101
歯の数 53
パスカル（人名） 48
パスカル（単位〔Pa〕） 18, 48
発電機 106, 109, 112, 113, 115
羽根車 92
バネ 71
ハブ 63, 78
　──発電機 107
　──式（ブレーキ） 70
速さ 39, 72, 85
　──の変化 90
バランス 36, 38, 76
バルブ 80
バンド 70
　──式ブレーキ 69
ハンドル 13, 16, 17, 34, 68, 81
　──ステム 21
　──の回転軸 77
　──バー 68
万有引力 11, 24, 86
火起こし 91
光（の）エネルギー 106, 116
ピストバイク 55
ピラミッド 50
秒 30
　──速 84
ファラデー 109
ブラシ 111
フリー・ホイール 55
ブレーキ 13, 39, 44, 69, 90, 112, 116
　──シュー 91
　──バンド 44
　──ワイヤー 44, 69
　──レバー 44, 69
フレーム 16, 61
分速 56, 84
分銅 26
ベアリング 78, 79
平地 59
ベクトル 35
ペダル 11, 13, 16, 52, 67, 101, 110, 114
　──側の歯車 58
　──の回転数 56
　──の重さ 59

ヘルツ〔Hz〕 109
ベル 116
変速機 58, 101
ホイール（車輪） 17, 50, 63, 72
方位磁針 108
骨組み →フレーム
歩幅 54
ボールベアリング 78, 79
ポンド（単位） 30
ポンプ 48

〈ま〉

マイクロ〔μ〕 30
前フォーク 16, 21, 68, 74
丸棒 61
まさつ 13
　──熱 91
　──力（──の力） 42, 77, 90
見かけの力 76
ミショー型自転車 51
ミリ（ミリメートル）〔mm〕 30
虫ゴム 80
メガ〔M〕 30
メジャー 16
メートル〔m〕 30
　──法 30
モーター 57, 97, 110, 111, 113

〈や〉

ヤード（単位） 30
矢印 27

〈ら〉

ラチェット 78, 101
ランプ 106, 112
力点 12, 26, 66, 67, 68, 69
リム 16, 44, 63, 70, 71, 73, 79, 112, 114
冷却水 115
レール 82
レンチ 63
ロードバイク 103
ローラー（・チェーン） 57, 101
ローラー発電機 106

読書案内

どんどん進化する！ 自転車の大研究
しくみ・歴史から交通ルールまで
谷田貝一男／著　自転車文化センター／監修
PHP研究所

自転車文化センター（東京・品川区）で、自転車の科学教室やセミナーを開いているメンバーが、子どもたちに自転車の魅力を紹介した本。自転車の種類、しくみ、歴史や文化、交通ルールまで、自転車に関することが広く扱われ、写真とイラストを使ってわかりやすく説明している。

ぼくらはガリレオ
岩波科学の本
板倉聖宣
岩波書店

「近代科学の父」と呼ばれたガリレオ・ガリレイが探究した「落下の法則」（ものが落ちるときの法則）を、彼の探求のあとをたどりながら考える本。ガリレオの書いた「天文対話」「新科学対話」にならって、4人の登場人物による対話で話が進む。物理の知識を増やすことよりも、読者が探究することを大切している。

目で見る物理　力・運動・光・色・原子・質量……
リチャード・ハモンド／著　鈴木将／訳
さ・え・ら書房

物理学の成り立ち、力、物質の構造、光と色をテーマに、物理の魅力を幅広くビジュアルに構成した本。どのページにも物理の楽しさがあふれている。著者は自動車が大好きで、自動車の情報を伝えるイギリスの人気テレビ番組「トップ・ギア」の司会もつとめている。

自転車の発明
いたずらはかせのかがくの本11
板倉聖宣／著　松本キミ子／絵
国土社

おもちゃの木馬に木製の車輪を2つつけたような最初の自転車が、より使いやすくなっていく工夫の歴史が語られている。あなただったらどう思うか、どう改良するかなどと呼びかける文章に、読者は自分ならどうするかと、考える楽しさを味わえる。なぜ工夫が大切だったのかを、親しみやすい文と絵で示している。

新版　道具と機械の本　てこからコンピューターまで
D・マコーレイ／著　歌崎秀史／訳
岩波書店

身近な道具から機械、およそ200種類をとりあげて、それぞれの原理やしくみ、働きを、豊富なイラストで解き明かしている。新版は、現在では使われなくなった道具・機械をけずって、新たにコンピューターの章をもうけて、この20年急速に発達したコンピューターのしくみと働きを解説している。カラーページを増やし、さらに見やすくなった。

エネルギーってなんだ？　エネルギーの基礎知識
よくわかるエネルギー教室1
池内了
フレーベル館

エネルギー問題を、科学的な立場から子どもたちに語るシリーズの1巻目。エネルギーはどこからくるのか、どうやってつくるのか、どこで使われるのかを、わかりやすく図解する。わたしたちがエネルギーをどのようにどれだけ使っているかを知ることができる。

サイクル・サイエンス　自転車を科学する
マックス・グラスキン／著　黒輪篤嗣／訳
河出書房新社

楽に自転車に乗ることができるようにするために利用されている科学技術を、自然科学の原理を用いて解き明かす。自転車のバランスや安定性、またハンドル技術にまつわる謎の話、そして空気力学についての明快な解説もある。わたしたちが自転車に乗っているときに、どれほどの離れ業を演じているかに気づかされる。

新版　単位の小事典
高木仁三郎
岩波ジュニア新書

題名には「事典」とあるが、生活の中の単位を見つめることからはじまり、単位の歴史と現在のSI単位、単位とのつきあいなどがわかりやすく述べられている。測定の単位だけでなく、広く単位に関わる話題もあって、読み物として楽しめる。後半部分は五十音順で単位に関する言葉の簡単な解説になっている。

■著者・画家紹介

大井喜久夫（おおい・きくお）

東京教育大学物理学科卒業。同大学院修士課程物理学専攻修了。お茶の水女子大学助手、早稲田大学理工学部物理学科教授を経て、現在は早稲田大学名誉教授。理学博士。訳書に『ガラスの物理』（共立出版）、共著に『力の事典』（岩崎書店）など。

大井みさほ（おおい・みさほ）

お茶の水女子大学理学部物理学科卒業。計量研究所（現在の産業技術総合研究所）主任研究官、東京学芸大学教授を経て、現在は東京学芸大学名誉教授。理学博士。「環境のための地球観測プログラム（GLOBE）」などで学校教育の支援を続けている。共著に『単位のカタログ』（新生出版）、『レーザー入門』（共立出版）、『力の事典』（岩崎書店）など。

鈴木康平（すずき・こうへい）

自由学園最高学部卒業。早稲田大学大学院理工学研究科物理学専攻修士課程修了。神奈川県立高校で12年間勤務した後、自由学園高等科の教師として現在に至る。NHK教育テレビ「やってみよう なんでも実験」に出演。『ドラえもん科学ワールド 光と音の不思議』（小学館）を共同監修。

いたやさとし

1999年・2002年にイタリア・ボローニャ国際絵本原画展入選。絵本に『Grosser Bär & kleiner Bär』（スイス・オーストリアのマイケルノイゲバウアー出版）、『オッチョコさんのさがしもの』（ひさかたチャイルド）など、挿絵に『トム・ソーヤーからの贈りもの』『みんなであそぼう いっしょにつくろう24のゲーム』（ともに玉川大学出版部）、『ドラゴンが教室にやってきた！』（日本標準）、『月あかりのおはなし集』（小学館）、『日本の心を伝える年中行事事典』（岩崎書店）などがある。

編集・制作：株式会社 本作り空Sola
装丁：オーノリュウスケ（Factory701）

ぼくはみんなから「クマ博士」ってよばれてる。自転車が大好きなんだ。いっしょに自転車のなぞをさぐろう！

ぐるり科学ずかん
自転車のなぜ 物理のキホン！

2015年1月25日　初版第1刷発行

著　者―――大井喜久夫・大井みさほ・鈴木康平
画　家―――いたやさとし
発行者―――小原芳明
発行所―――玉川大学出版部
　　　　　　〒194-8610　東京都町田市玉川学園6-1-1
　　　　　　TEL 042-739-8935　FAX 042-739-8940
　　　　　　http://tamagawa.jp/up/
　　　　　　振替：00180-7-26665
　　　　　　編集：森 貴志
印刷・製本――図書印刷株式会社

乱丁・落丁本はお取り替えいたします。
©Tamagawa University Press 2015　Printed in Japan
ISBN978-4-472-05942-1 C8642 / NDC420